한 권으로 떠나는 별자리 여행

머리털자리- 처녀자리 은하 성단의 유명한 구성원인 머리털자리의 검은 눈 은하(M64)

The Star Book
Copyright ⓒ Peter Grego, David & Charles,
F&W Media International, LTD 2012

Korean Translation Copyright ⓒ 2013
Sungkyunkwan University Press., Seoul
The Korean edition published by arrangement
with David & Charles, FW Media International,
LTD through Greenbook Literary Agency.

이 책의 한국어판 지작권과 판권은 저작권에이전시 그린북을
통한 저작권자와의 독점 계약으로 성균관대학교 출판부에
있습니다. 저작권법에 의해 한국 내에서 보호를 받는
저작물이므로 무단 전재와 복제, 전송, 배포 등을 금합니다.

한 권으로 떠나는 별자리 여행

피터 그레고 지음

정옥희 옮김

시그마의무늬

차례

추천사 - 제14대 왕실천문학자 아놀드 볼펜데일 경 — 6

서론

1. 천문 그래픽스 - 별자리 그리기 — 13
2. 별의 일생 — 22
3. 태양계 밖 천체 — 32
4. 천구 — 44

이 책의 활용법 — 47

1부: 별이 가득한 밤하늘

북반구의 별

북반구 주극성 별자리 — 56

북반구의 겨울 별(1월 1일, 자정) — 70

북반구의 봄 별(4월 1일, 자정) — 80

북반구의 여름 별(7월 1일, 자정) — 88

북반구의 가을 별(10월 1일, 자정) — 100

남반구의 별

남반구의 주극성 별자리 — 108

남반의 여름 별(1월 1일, 자정) — 118

남반의 가을 별(4월 1일, 자정) — 130

남반의 겨울 별(7월 1일, 자정) — 138

남반의 봄 별(10월 1일, 자정) — 148

2부: 태양계

대기 효과 — 160

유성 — 162

태양과 태양계 — 165

태양, 가장 가까운 별 — 166

달, 지구의 위성 — 170

내행성 — 181

수성, 햇볕에 구워진 바위 — 183

금성, 기만적인 아름다움 — 184

외행성 — 185

화성, 신비와 상상의 행성 ——————————— 187

목성, 행성의 제왕 ———————————————— 190

토성, 독보적인 고리의 세계 ————————————— 193

천왕성, 해왕성, 명왕성 ——————————————— 196

행성 간 잔해 ————————————————————— 199

마치며: 빛 공해 ——————————————————— 205

용어 사전 ——————————————————————— 208

찾아보기 ——————————————————————— 214

옮긴이의 말 —————————————————————— 219

오리온자리의 환상적인 말머리 성운. 아마추어 망원경으로는 고배율로도 찾기 어려운 별자리다. 오른편은 127mm 굴절 망원경(필터 사용) +냉각 CCD 카메라로 촬영.

냉각 CCD 카메라로 촬영한 안드로메다자리의 대형 나선 은하(이의 부속 은하 M32와 M110), 2° 시야(달의 겉보기 지름의 4배)

> **일러두기**
> 1. 이 책은 국제천문연맹에서 소개한 공식 별자리를 기준으로 공식 명칭을 따른다. 별자리의 명칭은 원서를 기본으로 하되 별자리 명칭을 비롯한 각종 용어는 『천문학용어집』(한국천문학회 편, 서울대학교출판부)를 참조해서 수정했다.
> 2. 별자리는 별들이 차지하고 있는 자리가 아니라 별 자체를 뜻한다고 여기는 경우에 이런 별들의 무리를 성군(asterism)이라고 하여 성좌와 구분하기도 한다. 그러나 우리나라에서는 모두 별자리로 부른다. 여기서는 구분을 위해 성군이란 말을 사용했다.

추천사

제14대 왕실천문학자 아놀드 볼펜데일 경

피터 그레고의 이 책에 짧게나마 추천사를 쓰게 되어 영광입니다. 피터는 천문학의 대중화에 힘쓰는 학자로 널리 알려져 있습니다. 지금껏 그는 자신의 연구 주제를 정확하고 흡인력 있게 전달하는 저서들로 신뢰를 받아왔는데 이번 책도 예외가 아닙니다.

이 책이 불러일으킬 잠재 시장은 어마어마합니다. 이 책은 맨눈 외에는 아무런 관측도구가 없는 이들에게 적합하도록 만들어졌기 때문입니다. 쌍안경이나 망원경을 구비한 사람들에게도 말할 나위가 없습니다. 청소년뿐 아니라 나날이 늘고 있는 은퇴자들에게도 유용하고 흥미로운 책으로 다가갈 것입니다. 이 얼마나 풍성하고 활기찬 축제인가요. 저자는 계절별로 별자리들을 소개하고, 특히 남반구에 사는 이들을 위한 별자리 소개도 잊지 않았습니다. 캄캄하지만 휘영청 맑은 어느 밤에 자신을 찾아 온 이들에게 건네는 별들의 인사는 잊지 못할 감동으로 남을 것입니다. 이는 많은 이들을 천문학에 관심에 갖도록 이끌 것입니다.

이 책의 백미는 행성과 혜성은 물론 밝은 소행성에 이르기까지 깊이 있게 다룬 점입니다. 이들을 하늘에서 식별할 수 있는 사람들도 더 들을 이야기가 담겨 있습니다. 맨 마지막에는 뜻밖에도 빛 공해에 대해 이야기합니다. 자, 이제 즐겁게 읽는 일만 남았습니다.

Sir Arnold Wolfendale FRS
14th Astronomer Royal.

지구광이 어린 초승달의 어두운 쪽을 비추고 있다. DSLR 카메라로 촬영.

카시오페이아자리의 거품 성운, 80mm 굴절 망원경 + CCD(필터 사용) 카메라로 촬영.

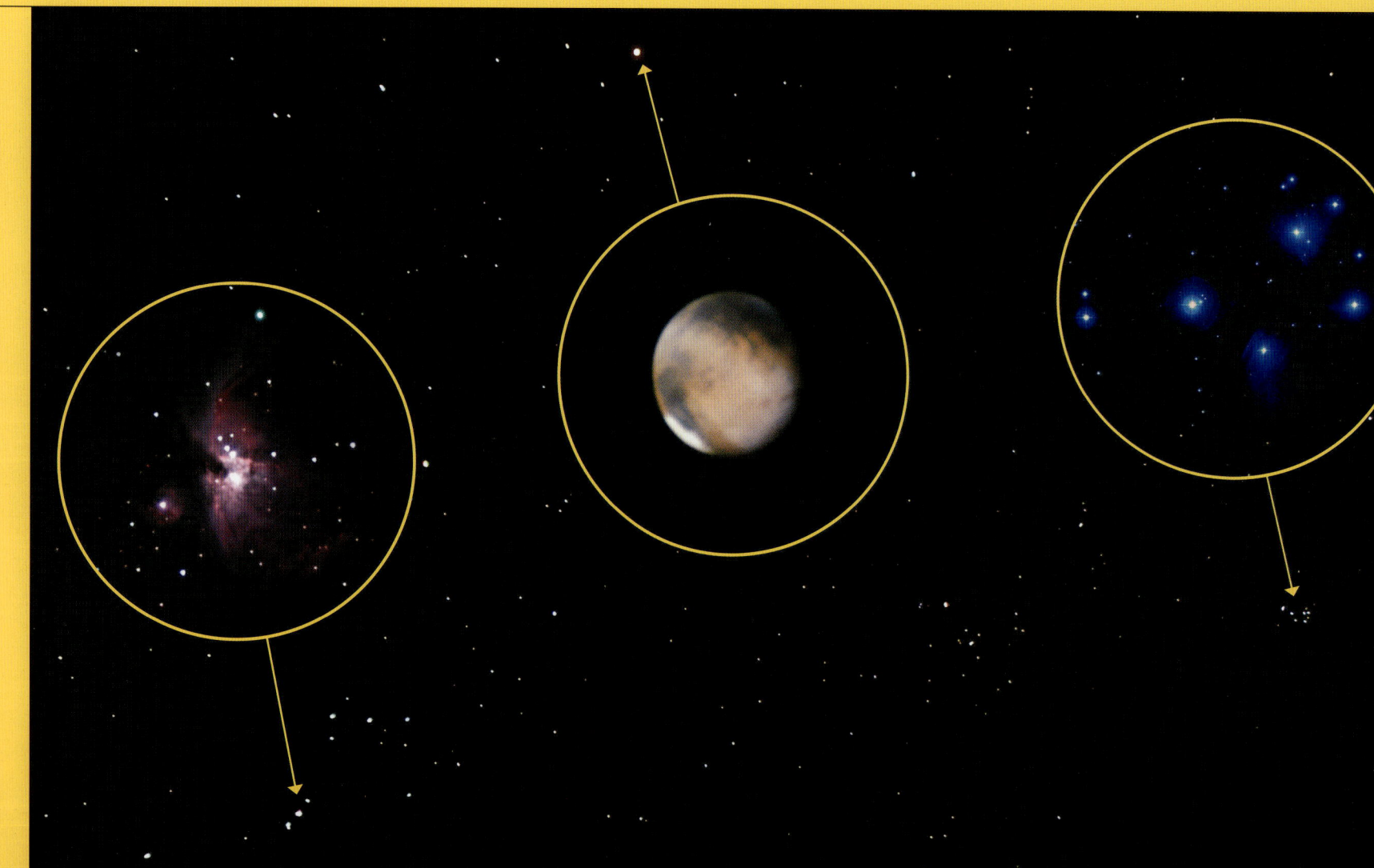

서론

아주 먼 옛날 우리 선조들의 마음속에 의식의 불꽃이 최초로 깜박거린 이래로, 사람들은 항상 놀라움과 두려움에 휩싸여 별이 가득한 밤하늘을 바라보았다. 이처럼 천문학은 물질 세계를 연구하는 학문을 통틀어 가장 유서 깊은 학문인데, 인류가 하늘의 현상을 기록한 기원은 무려 수천 년을 거슬러 올라가 인류 문명이 최초로 동틀 무렵에 이른다. 태양의 이동, 달의 모양, 철따라 펼쳐지는 별자리들의 장엄한 행진 같은 하늘의 주기적 변화는 시간을 기록하고 지키는 실용적인 수단이었다. 이후 고대의 대항해 문명기에는 별을 따라 항해하는 법을 배웠다. 우리가 아는 가장 정확한 시계인 '펄서 시계'가 펄서라고 불리는 이국적 별의 규칙적인 깜박거림에서 발견한 것이라 하니, 세상사는 돌고 돈다는 말이 전혀 새삼스럽지 않다. 한편 오늘날의 항해사들은 높은 궤도를 돌고 있는 GPS 인공위성을 통해 현재 위치를 알 수 있는데, 뛰어난 기술로 단 몇 미터의 오차 범위 내에서 위치를 파악할 수 있다.

맨눈, 쌍안경, 망원경으로 관찰한 천체 비교 사진. 별들이 태어나는 곳 오리온성운(왼쪽), 화성(가운데), 고온의 신생별들이 모여 있는 플레이아데스 성단(오른쪽).

밤하늘 바라보기

밤하늘에는 볼 것이 무척 많다. 쌍안경이나 망원경으로 보든, 이런 광학장비 없이 그냥 맨눈으로 보든, 일평생을 봐도 지겹지 않을 볼거리들이 가득하다. 별과 별자리들은 항상 같은 그 자리에 있는 것인 반면에 행성들은 하늘을 배경 삼아 움직인다. 이 때문에 시간에 따라 각각 다른 모습으로 나타난다. 유성과 개기일식은 순식간에 사라지지만, 놀랍도록 아름다운 장관을 선사한다.

밤하늘에는 광학장비의 도움 없이도 즐길 수 있는 볼거리들이 아주 많다. 하늘이 어떻게 펼쳐져 있는지, 주요 별자리들은 어디에 있는지를 살핀다든지, 특히 밝은 별의 이름을 외우며 보내는 시간은 색다른 즐거움을 선사한다. 천문학의 즐거움을 더 깊이 맛보고 싶다면, 이러한 공부는 필수다. 때때로 도심에 사는 것이 별을 보는 데 더 유리할 수도 있다. 인공 불빛들이 하늘을 은은하게 밝히고 있어 아주 밝은 별을 제외한 나머지 별들은 가뭇해지기 때문이다. 도심의 주택가에서 맨눈으로 볼 수 있는 별은 겨우 수백 개에 불과하지만, 별들이 무성하게 모여 있지 않아서

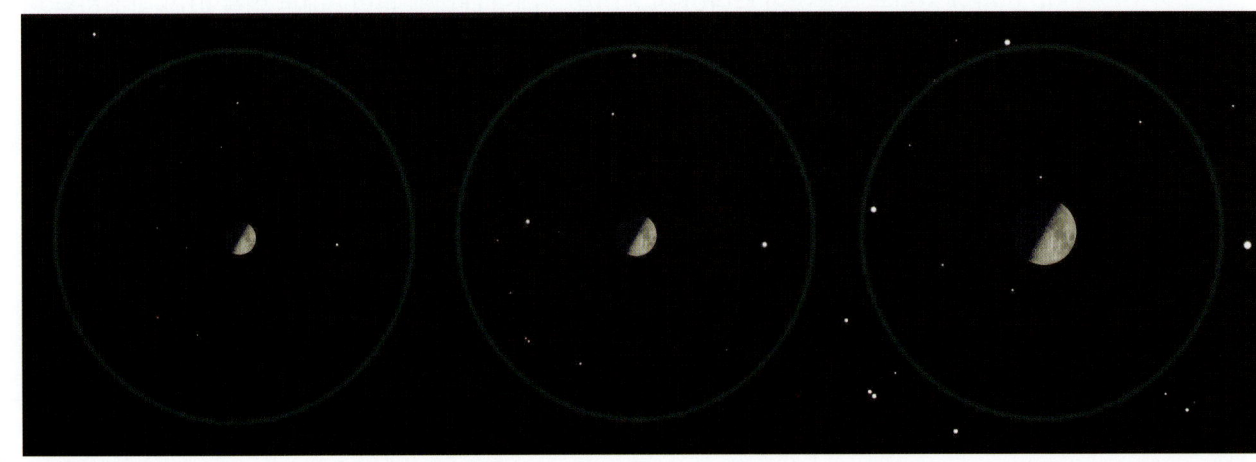

쌍안경의 배율에 따른 달 관측
사진 비교: 7x30s(왼쪽), 12x50s(가운데), 25x100s(오른쪽)

주요 별자리를 찾기는 더 쉬워진다. 수천 개의 별이 쏟아지는 시골의 밤하늘에서는 하늘이 온통 별천지이기 때문에 노련한 천문학자들도 잠시 길을 잃기도 한다.

쌍안경으로 보기

쌍안경은 휴대성이 뛰어나고 배율이 낮아 넓은 시야를 확보해준다. 쌍안경을 활용하면 밤하늘을 마음껏 훑어볼 수 있어서 별보기 초보자들이 가장 처음 활용하기 좋은 장비다. 쌍안경은 맨눈으로 볼 때보다 빛을 더 많이 모아주기 때문에 밤하늘의 수많은 숨은 보석들을 밝혀준다. 또한 시각적 환영이기는 하지만, 공간을 3차원으로 보이게 하는 멋진 체험을 선사한다. 특히 쌍안경으로 보면 별 색깔을 관찰할 수 있으므로, 영롱한 별 세상을 원 없이 감상할 수 있다. 이뿐만 아니라 수많은 성단, 성운, 은하도 볼 수 있다.

쌍안경의 성능은 배율과 대물렌즈 크기를 나타내는 두 지표로 구분된다. 예컨대 7×30쌍안경은 7배의 배율에 30mm 렌즈를 장착한 가장 작은 망원경으로 실용성도 가장 낮다. 물론 7×30s로도 수만 개의 별을 볼 수 있고, 태양계 밖 천체들도 다수

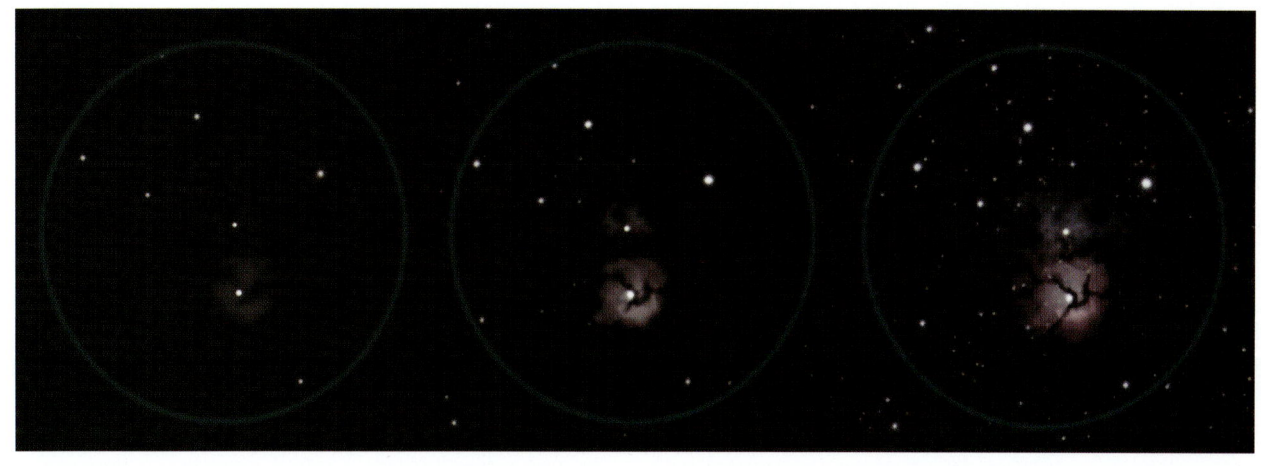

동일 배율에서 망원경 크기에 따른 궁수자리의 삼렬 성운(M20) 관측 사진 비교: 60mm 굴절 망원경(왼쪽), 8" 슈미트 카세그레인 망원경(가운데), 500mm 반사 망원경(오른쪽)

볼 수 있다. 20×80s 대형 쌍안경이라면 수백만 개의 별들과 수천 개의 태양계 밖 천체까지 관찰할 수 있다.

망원경으로 보기

망원경은 집광력Light gathering ability, 광학 기기에서 렌즈가 빛을 모으는 성능이 우수하기 때문에 더욱 세밀하면서도 확대된 밤하늘을 보여준다. 망원경을 활용하면 태양계 밖의 무수히 많은 별들을 자세히 볼 수 있으며 달과 행성의 경이로운 구조도 관찰할 수 있다. 망원경으로 본 별들은 더욱 밝게 보이지만, 별은 우리와 너무나 멀리 떨어져 있기 때문에 배율이 어떻든 여전히 한 점의 불빛으로 관찰된다.

허블우주망원경이 촬영한 굉장한 사진들과 인공위성과 우주탐사기에서 보내는 수많은 사진들을 보면, 이 우주는 참으로 정돈된 모습으로 온갖 색깔을 뽐내고 있다. 사람들이 처음 망원경 대물렌즈에 눈을 갖다 대면서 그처럼 멋진 장면을 보리라 기대하는 것은 당연하다. 하늘에는 분명 굉장한 볼거리들이 많다. 그런데 지구 관찰자들에게 밤하늘은 비교적 희미하게 나타나기 때문에, 이를 제대로 음미하려면 상당한 지식을 갖추어야 한다. 우주의 색깔은 포착하기 미묘한 영역에 대부분 치우쳐 있다. 사람의 눈이 갖는 한계는 물론 사용 장비의 한계와 지역 환경에 따른 제약에 대해서도 알아둘 필요가 있다.

그럼에도 밤하늘을 알음알음으로 알아가는 재미, 즉 천체 하나하나에 대해 이들의 우주 내 위치에 대해 알아가는 즐거움은 대단히 크다. 저 먼 천체에서 달려와 방금 나의 눈에 닿은 빛들은 사실 내가 태어나기도 전에, 로마제국이 세워지기도 전에, 아니 인류가 지구에 출현하기도 전에 그곳을 떠난 빛임을 깨닫는 순간은 실로 소름 돋는 멋진 체험이다.

1. 천문 그래픽스 – 별자리 그리기

우주의 질서를 발견하고자 하는 인간의 지속적이고 진지한 염원은 별들의 무늬를 여러 가지 별자리로 정리하게 만들었다. 도드라진 별들을 점과 선으로 이어 윤곽을 그리고, 동물의 이름이나 사물, 상징이나 기호 따위를 붙인 것이다. 이러한 별자리는 대개 신화와 생활양식을 반영하기 때문에 여러 문화의 상상력의 소산이다. 하늘을 그린 이런 그림책은 시집 이상의 용도를 가지는데, 농경 사회에서는 별자리를 보고 해가 돋고 한낮에 이르며 지는 시간을 헤아렸다. 항해사와 탐험가들에게 별자리는 하늘에 세워진 길잡이 표지판이었다.

오늘날 우리가 알고 있는 별자리 유형은 메소포타미아에서 청동기 문화를 꽃피운 수메르와 바빌로니아 문명에서 기원한다. 그들은 해가 지나는 1년 길을 황도라 정의하고, 이를 열둘로 나누어 황도 12궁을 작성했다. 달과 행성들이 이 별자리를 통과하면서 마치 이동하는 듯이 보였다. 그밖에도 동물이나 농업을 가리키는 여러 별자리를 만들었다.

이 고대 별자리들이 나중에 에우독소스Eudoxus of Cnidus, c.408-347BC의 업적이 되었다. 에우독소스는 우주를 설명할 완벽한 체계를 고안한 인물로, 지구를 중심으로 투명한 수정 행성들이 겹겹이 포개져 있는 우주를 상상했다. 최초로 별 목록을 작성한 인물은 히파르쿠스Hipparchus, c.190-120BC로, 그는 육안 조준 장비를 써서 별의 위치를 상세히 관찰하고, 48개의 고전 별자리와 850개 남짓한 별에 대해 천구 좌표계를 기준으로 정확한 위치를 정했다.

히파르쿠스는 각 별의 겉보기 밝기를 표기하는 배율 척도를 고안했다. 가장 밝은 별 20개를 1등성으로 구분하고, 그 다음으로 밝은 별들을 2등성으로 해서 가장 희미한 별인 6등성까지 분류했다. 오늘날에도 이와 비슷한 밝기 등급을 사용하는데, 등급 간에 밝기 차는 정확히 2.512배이다. 이는 광전자 장비로 측정한 인자이다.

얼마 후, 프톨레마이오스Claudius Ptolemy, c.90-168AD가 최종판 지도인『알마게스트Almagest』를 편찬한다. 이는 히파르쿠스의 목록을 바탕으로 하여 확장한 것으로, 48개의 고전 별자리에 들어 있는 1,022개의 별들에 대해 북쪽, 황도, 남쪽 별자리로 분류했다.

히파르쿠스와 프톨레마이오스의 업적을 비롯해 오늘날 우리가 알고 있는 그리스 사상의 대부분은 중세 유럽이 암흑기를 겪는 동안 바그다드의 아랍 학자들이 번역하고 베껴 써서 보존한 고대 문서에서 유래한다. 아랍의 대 천문학자 알 수피Abd al-Rahman al-Sufi, Azophi, 903-86의 저서『항성에 관한 책The Book of the Fixed Stars』은 프톨레마이오스의 별 목록을 각색한 것이다. 그는 아랍어로 여러 별 이름을 지었으며, 이 가운데 다수가 수정을 거치기는 했지만 오늘날까지 그대로 사용되고 있다.

아테네 아크로폴리스 언덕의 파르테논 신전에서 바라본 해돋이. 기원전 5세기에 건축된 파르테논 신전은 황소자리 안에 있는 플레이아데스 성단의 (지평선)떠오름에 맞추어 설계된 천문학적 건축물이다.

프톨레마이오스의 48개 별자리

* 황도12궁
** 훗날 다음 세 가지 별자리로 분리됨 : 용골자리, 고물자리, 돛자리

거문고(Lyra, the Lyre)	뱀주인(Ophiuchus, the Serpent Holder)	제단(Ara, The Altar)
게*(Cancer, the Crab)	북쪽왕관(Corona Borealis, the Northern Crown)	조랑말(Equuleus, the Little Horse)
고래(Cetus, the Whale)	사자*(Leo, the Lion)	처녀*(Virgo, the Virgin, a goddess)
궁수*(Sagittarius, the Archer, a centaur)	삼각형(Triangulum, the Triangle)	천칭*(Libra, the Scales)
까마귀(Corvus, the Crow)	쌍둥이*(Gemini, the Twins)	카시오페이아(Cassiopeia, Cassiopeia, a queen)
남쪽물고기(Piscis Austrinus, the Southern Fish)	아르고**(Argo Navis, the Argo, a ship)	컵(Crater, the Cup)
남쪽왕관(Corona Australis, the Southern Crown)	안드로메다(Andromeda, Andromeda, a princess)	케페우스(Cepheus, Cepheus, a king)
독수리(Aquila, the Eagle)	양*(Aries, the Ram)	켄타우루스(Centaurus, the Centaur)
돌고래(Delphinus, the Dolphin)	에리다누스(Eridanus, the River Eridanus)	큰개(Canis Major, the Great Dog)
마차부(Auriga, the Charioteer)	염소*(Capricornus, the Goat)	큰곰(Ursa Major, the Great Bear)
목동(Bootes, the Herdsman)	오리온(Orion, Orion)	토끼(Lepus, the Hare)
물고기*(Pisces, the Fishes)	용(Draco, the Dragon)	페가수스(Pegasus, Pegasus, the winged horse)
물병*(Aquarius, the Water-Carrier)	이리(Lupus, the wolf)	페르세우스(Perseus, Perseus, a hero)
바다뱀(Hydra, the Water Snake)	작은개(Canis Minor, the Lesser Dog)	헤르쿨레스(Hercules, Hercules, a hero)
백조(Cygnus, the Swan)	작은곰(Ursa Minor, the Little Bear)	화살(Sagitta, the Arrow)
뱀(Serpens, the Serpent)	전갈*(Scorpius, the Scorpion)	황소*(Taurus, the Bull)

우주를 재정립하다

고대 그리스 사상은 중세 전기에 유럽으로 다시 돌아왔는데, 이는 아랍 학자들에 의해 보존된 문서들이 라틴어로 옮겨지면서 가능해졌다. 우주에 관한 고대인들의 설명에 의문이 제기되고, 부족한 부분이 많다는 사실이 발견되면서, 16세기 유럽은 과학적인 천문학 탐구 조사가 폭발적으로 증가하는 시대를 맞이한다.

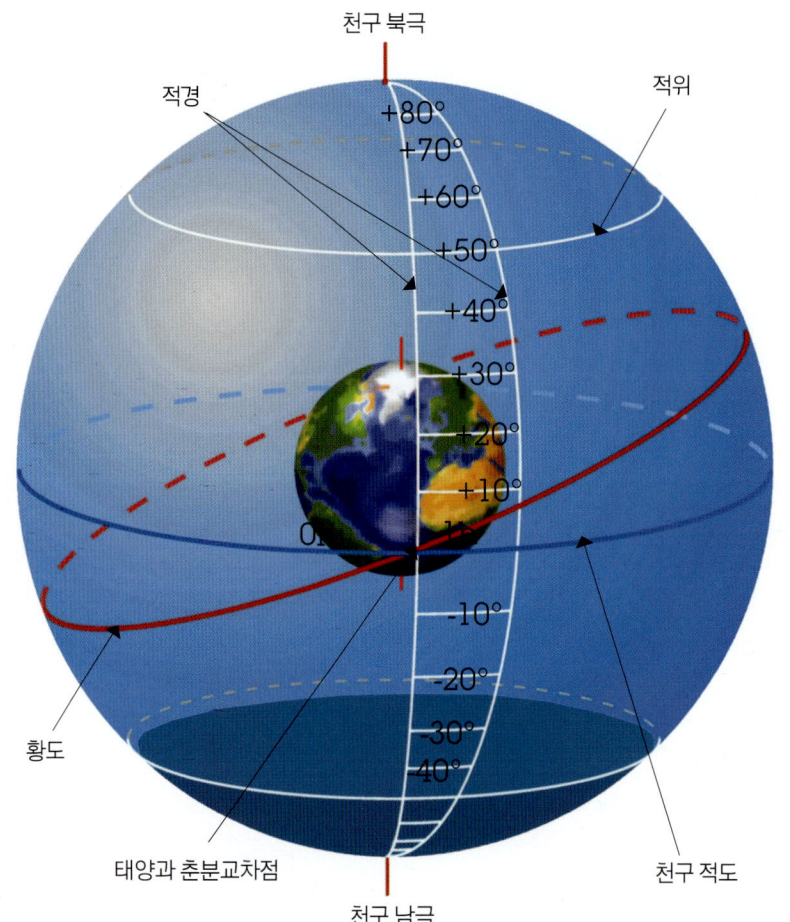

천구 북극, 천구 남극, 천구 적도, 황도를 표기한 천구, 천구 남극 주위의 음영은 고대의 별 지도에는 표시되지 않은 영역을 가리킨다.

니콜라스 코페르니쿠스Copernicus, 1473-1543는 저서 『천구의 회전에 관하여De Revolutionibus Orbium Coelestium, On the Revolutions of the Celestial Sphere』에서 지동설을 소개했다. 즉, 우주 중심에는 지구가 아니라 태양이 있는 새로운 모형을 제시한 것이다. 망원경 이전 시대 최후이자 최고의 천문관찰자였던 티코 브라헤Tycho Brahe, 1546-1601는 오직 직각기와 사분기를 사용해 맨눈으로 행성의 움직임과 별을 정확하게 측정했다. 티코의 관측 자료를 활용해서 그의 제자 요하네스 케플러Johannes Kepler, 1571-1630는 코페르니쿠스의 지동설을 과학적으로 뒷받침하는 토대를 수립했다.

요한 바이어Johann Bayer, 1572-1625는 티코의 별 위치 관측 자료를 바탕으로 천구 전체를 망라한 최초의 별 지도책인 『우라노메트리아Uranometria』를 펴냈다. 그는 항해사 피에타 케이세르Pieter Keyser, c.1540-96가 작성한 목록을 참고해 이전 학자들이 다루지 않은 먼 남쪽 하늘의 별 위치까지 지도에 담았다. 『우라노메트리아』에 실린 51편의 지도에는 2,000개가 넘는 별과 남쪽 하늘 깊숙이 위치한 12개의 새로운 별자리가 실려 있다.

『우라노메트리아』는 별 밝기를 표기하기 위해 체계적인 방법을 도입했다. 별자리를 6등급으로 분류하고, 각 별자리의 별에 대해서 그리스 알파벳을 사용해 가장 밝은 별자리에 알파, 다음 밝기에 베타 순으로 밝기 등급을 매겼다. 큰 별자리의 경우, 그리스 알파벳이 모자란 경우 로마 알파벳을 사용했는데, 대문자 A에 소문자 b, c, d 순으로 사용했다. 이 명명 체계는 망원경이 발명되기 이전에 고안된 것으로, 물론 정확하지도 완벽하지도 않다. 하지만 이 독특한 표현방식 덕에 이들 대다수가 동일한 형태로 오늘날까지 사용되고 있다.

그리스 알파벳(기호)	
알파 α	뉴 ν
베타 β	크시 ξ
감마 γ	오미크론 o
델타 δ	파이 π
엡실론 ε	로 ρ
제타 ζ	시그마 σ
에타 η	타우 τ
세타 θ	입실론 υ
요타 ι	피 φ
카파 κ	키 χ
람다 λ	프시 ψ
뮤 μ	오메가 ω

망원경으로 밝히다

17세기 초 망원경 발명에 힘입어 이전과는 근본이 다른 우주의 모습에 대해 부인할 수 없는 증거가 발견되었다. 갈릴레오 갈릴레이(1564-1642)가 목성을 도는 4개의 위성을 발견했고, 태양을 도는 금성의 궤도에서 금성의 구체 형상을 입증했다. 지구 또한 하나의 위성을 가지고, 금성과 화성 사이에서 태양 주위를 도는 또 다른 행성에 불과하다는 것이 날이 갈수록 분명해졌다.

갈릴레오는 희미한 띠처럼 보이는 은하수가 사실 헤아릴 수 없이 많은 별들로 구성된 사실을 발견했다. 이는 망원경으로만 볼 수 있었다. 이 별들이 만약 태양과 비슷하다면, 단지 너무 멀리 있어서 한 점 불빛으로 보인 것이라면, 태양은 아마도 그렇게 특별한 별이 아니라고 유추할 수 있었다. 태양은 우주의 중심을 차지한 별이 아니라 은하수를 구성하는 좀더 무거운 별 가운데 하나임이 밝혀졌다.

17~19세기에 걸쳐 망원경으로 우주를 관찰하면서 우주에 대한 이해는 엄청난 발전을 이루었다. 망원경의 크기가 점점 더 커지면서, 이미 알려진 천체들에 대해서도 더 많이 알게 되었고, 우주의 어둡고 깊숙한 데 있는 천체들까지 포착되기 시작했다. 망원경으로 관찰한 별들을 체계적으로 기록하기 시작했으며, 태양계 밖 천체들, 성단과 성운이라고 알려진 희끄무레한 조각들의 목록도 작성되었다. 요하네스 헤벨리우스Johannes Hewelke, Hevelius, 1611-87는 자신의 전용 관측소에서 별들의 위치를 정밀하게 측정해 『우라노그라피아

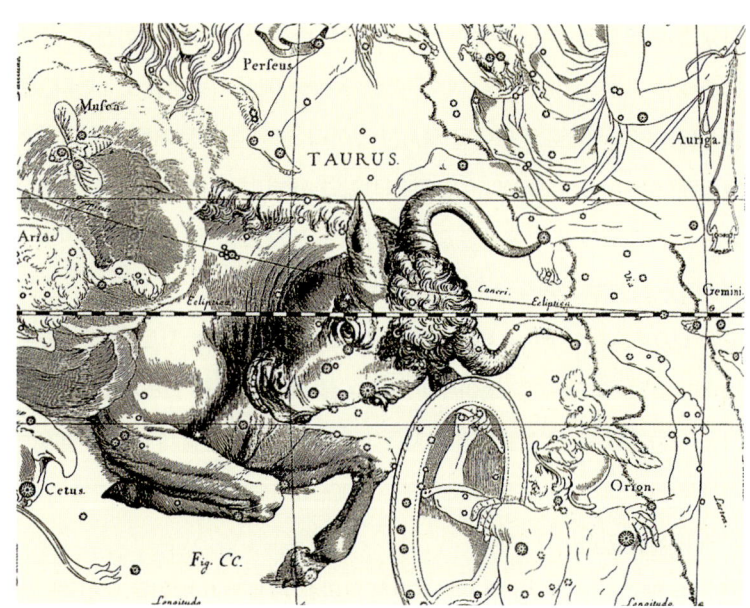

헤벨리우스의 『우라노그라피아』에 실린 황소자리(성도).

Uranographia』를 펴냈다. 이는 당시 가장 앞선 천문도Star Atlas였다. 그는 기존의 고대 그리스 별자리 가운데서 다수의 새로운 별자리를 만들어냈다. 이후 영국의 존 베비스John Bevis, 1693-1771가 자신의 사설 관측소에서 관찰한 자료를 바탕으로 『아틀라스 셀레스테Atlas Celeste』를 편찬했다. 이는 별자리들이 꼼꼼하게 정리된 18세기 최고의 천문도로 꼽힌다.

18세기에 이르러 마침내 남쪽 깊숙한 하늘의 별자리들이 제대로 작성되기 시작했다. 그전까지 남쪽 하늘은 정확한 탐사가 이루어지지 않았다. 니콜라 라카유Nicolas Lacaille, 1713-62는 희망봉에 천문관측소를 세운 뒤, 1만여 개에 달하는 남쪽 하늘 별과 42개의 태양계 밖 천체를 관찰해 기록했다. 라카유는 바이어가 관찰한 남쪽 별자리들의 내부 및 주위에서 14개의 새로운 별자리를 작성해 『남천성도Coelum Australe Stelliferum』에 소개했으며, 이들은 모두 천문학자들로부터 인정을 받았다.

샤를 메시에Charles Messier, 1730-1817는 110개의 태양계 밖 천체 목록을 작성했다. 소형 망원경으로는 흐릿하게 보이는 천체들까지 포함된 이 목록은 성단, 성운, 은하에 이르는 다양한 천체들의 집합체이다. 이 목록은 오늘날까지도 별지기들이 참조할 만큼 그 유용성을 인정받고 있다.

윌리엄 허셜William Herschel, 1738-1822은 직접 제작한 망원경으로 하늘을 관찰해 수백 개의 이중성double stars과 성운을 기록했다. 매일 별을 관찰하다 천왕성을 발견한 후 허셜은 자신을 세상에서 가장 많은 별을 발견한 천문학자라고 스스로 선언한 후, 끈기있게 관측을 계속해 태양계에 관련된 여러 별들을 발견한다. 윌리엄의 여동생 캐롤라인 허셜Caroline Hershel, 1750-1848도 많은 별들을 관찰했으며 윌리엄의 아들 존 허셜John Herschel, 1792-1871은 남반구 하늘을 탐사해 이전까지 발견되지 않았던 수백 개의 이중성과 성운을 발견했다.

신흥 유럽 제국들이 자신들의 세력을 전 세계로 확장하기 시작하면서, 별을 길잡이로 하는 항해의 정확성은 날로 중요해졌다. 이에 따라 국가 차원에서 천문관측소를 세우기 시작했고, 1671년 프랑스의 파리 천문대, 1675년 영국의 그리니치 왕립 천문대, 1700년 독일의 베를린 천문대가 세워졌다. 별들이 자오선을 통과하는, 즉 정남향에 오는 정확한 시간을 포착하는 데 망원경을 사용했으며 이에 따라 좌표를 정확하게 측정할 수 있게 되었다.

『우라노그라피아』에 실린 사자자리(성도).

그리니치 천문대의 제1대 왕립 천문학자 존 플램스티드John Flamsteed, 1646-1719는 2,935개 별을 목록별로 분류하고, 당시로서는 가장 정확한 별자리 지도인 『플램스티드 성도아틀라스 코엘레스티스, Atlas Coelestis』를 제작한다. 파리 천문대의 니콜라 포르텡Nicolas Fortin, 1750-1841은 이 지도를 개정해 『아틀라스 포틴-플람스티드』를 펴낸다. 예술적 감각을 가미한 편집에 새로 발견된 다수의 성운까지 실은 이 책은 원저보다 규모는 작지만 인기는 더 많았다. 베를린 천문대의 요한 보데Johann Bode, 1747-1826는 17,000개가 넘는 별과 태양계 밖 천체들을 실은 『별자리 안내서Vorstellung der Gestirne(아마추어 천문인들을 위해)』와 『우라노그라피아』를 펴냈다. 이는 그림으로 설명한 가장 훌륭한 별자리 책으로, 시대를 초월해 그 가치를 널리 인정받고 있다.

19세기 말, 사진 촬영기술은 하늘 전체를 사진 건판으로 촬영할 수 있을 만큼 발전했다. 세계 곳곳에 동일한 천문촬영용 망원경을 설치해 하늘 전체를 촬영하는 프로젝트를 추진하기 위해 카르테 드 시엘Carte du Ciel이라는 국제 컨소시엄이 구성되었다. 1881년에서 1950년까지 22,000개 이상의 사진 건판을 촬영한 대규모 프로젝트였다. 별의 물리적 위치를 11등급까지 0.5"(아크초arc sec) 단위로 정밀하게 건판에 촬영하는 작업은 엄청난 시간과 노동력을 필요로 했다. 20세기에는 캘리포니아 주 마운트 팔로마에 설치된 대형 48인치 광각 슈미트 망원경이 프로젝트를 이어 수행했다. 팔로마 천문 조사 프로젝트는 1958년에 마무리되었으며, 천구 북극에서 적위 -30°까지의 하늘 전역을 평균 20초 등급육안으로 보이는 별보다 1백만 배 희미한 등급의 별까지 샅샅이 조사하였다.

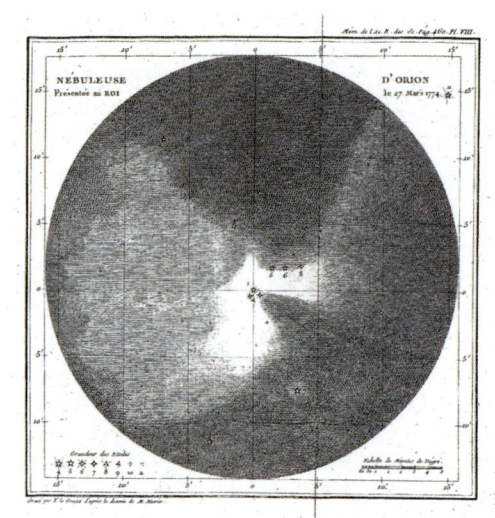

메시에의 오리온성운(M42) 관찰 스케치와 저자가 찍은 사진 비교.

광학과 사진 촬영기술이 발전하면서 태양계 밖 천체들이 잇달아 발견되었다. 새로 발견된 천체들은 기존의 전체 목록에 계속 추가되었다. 그중 주목할 만한 목록은 존 드레이어의 8,000개에 달하는 『신 총괄 목록New General Catalogue, NGC, 1888』과 5,000 개가 넘는 『색인 목록Index Catalogue, IC, 1985』이다. NGC와 IC에 실린 수백 여 천체들은 보통 크기의 아마추어 망원경으로도 관찰이 가능하며, 오늘날 천문학자들에게도 여전히 필수적인 목록이다.

20세기 후반 들어 지구 상공의 난류 대기층 위를 도는 관측 위성이 등장했다. 이 가운데, 천구 지도 작성 부분에서 가장 앞선 위성은 유럽우주연맹European Space Agency이 주관하는 히파르코스Hipparcos, 고정밀 시차 수집 위성, High Precision Parallax Collecting Satellite이다. 히파르코스는 1989년에서 1993년에 걸쳐 천체의 위치를 정밀 측정해, 25만 개의 별 목록을 보유한 『티코-2 목록Tycho-2 Catalogue』을 펴냈다. 우리 은하에서 가까운 별들로부터 수집한 자료를 통해 천문학자들은 공간에서 별들의 실제 운동을 정확하게 결정할 수 있게 되었고, 지구의 태양 공전 궤도에서 발생하는 시차 효과를 활용해 별들의 거리를 계산할 수 있게 되었다.

사자자리와 이의 모든 NGC 천체들, 이들 대다수는 아주 먼 은하들이다.

2. 별의 일생

별들은 우리가 상상하지도 못할 만큼 너무나 멀리 떨어져 있지만, 천문학자들은 별에 대해 또 별의 일생에 대해 많은 것을 알고 있다. 다른 무엇보다 별의 질량이 가장 중요한데, 이를 통해 별이 얼마나 큰지, 일생 동안 얼마나 밝게 빛나는지, 어떻게 발전하는지, 얼마나 오래 사는지가 결정된다.

모든 별들은 은하 내 성간 먼지와 기체들이 중력적 힘에 의해 뭉쳐져 만들어진 구름에서 일생을 시작한다. 이러한 구름은 주로 수소와 헬륨으로 구성되어 있으며, 밀도가 매우 높아서 사실상 가시광선이 통과하지 못하는 불투명한 상태로 존재한다. 그러나 은하의 다른 구성물에 실루엣을 드리우는 경우, 일부 그 모습이 관찰되기도 한다. 성간 먼지와 기체들이 수축하는 각각의 영역은 수많은 별들이 태어나는 곳이다. 최초의 붕괴 단계에서 별의 배아가 출현하기까지는 약 1천만 년이 걸리기도 한다. 배아가 형성된 영역에서 중력에 의한 붕괴 과정인 원시별 protostar 생성이 진행되며, 이는 멈출 수 없다.

가장 널리 알려진 암흑 성운은 오리온자리의 말머리 성운이다. 거대한 분자구름이 돌출된 독특한 형상이 오리온 시그마(σOri) 주위의 이글거리는 붉은 기체 구름을 배경으로 실루엣을 드러내고 있다. 우리에게서 1,500광년 떨어진 말머리 성운은 길이가 약 10광년 정도이다. 오른쪽 아래는 허블우주망원경으로 근접 촬영한 이미지이다. 상단 왼쪽에 신생별이 여전히 요람에 감싸여 빛을 발하고 있다.

별의 탄생

원시별의 중력이 끌어들인 먼지와 기체는 중심핵의 온도와 압력을 끝없이 증가시킨다. 온도는 마침내 열핵융합을 촉발할 정도로 높아지며, 이때 두 수소 원자가 고속으로 융합해 헬륨 원자 하나를 생성한다. 그 순간 폭발적인 에너지가 발산되면서 별이 탄생한다.

신생별을 에워싸고 있던 먼지와 기체들은 강력한 성풍에 의해 대부분 흩어지지만, 남아 있는 일부는 궤도에 남아 새로운 태양 빛과 에너지를 듬뿍 받고 있다. 천문학자들은 갓 태어난 별 주위를 에워싼 먼지와 기체

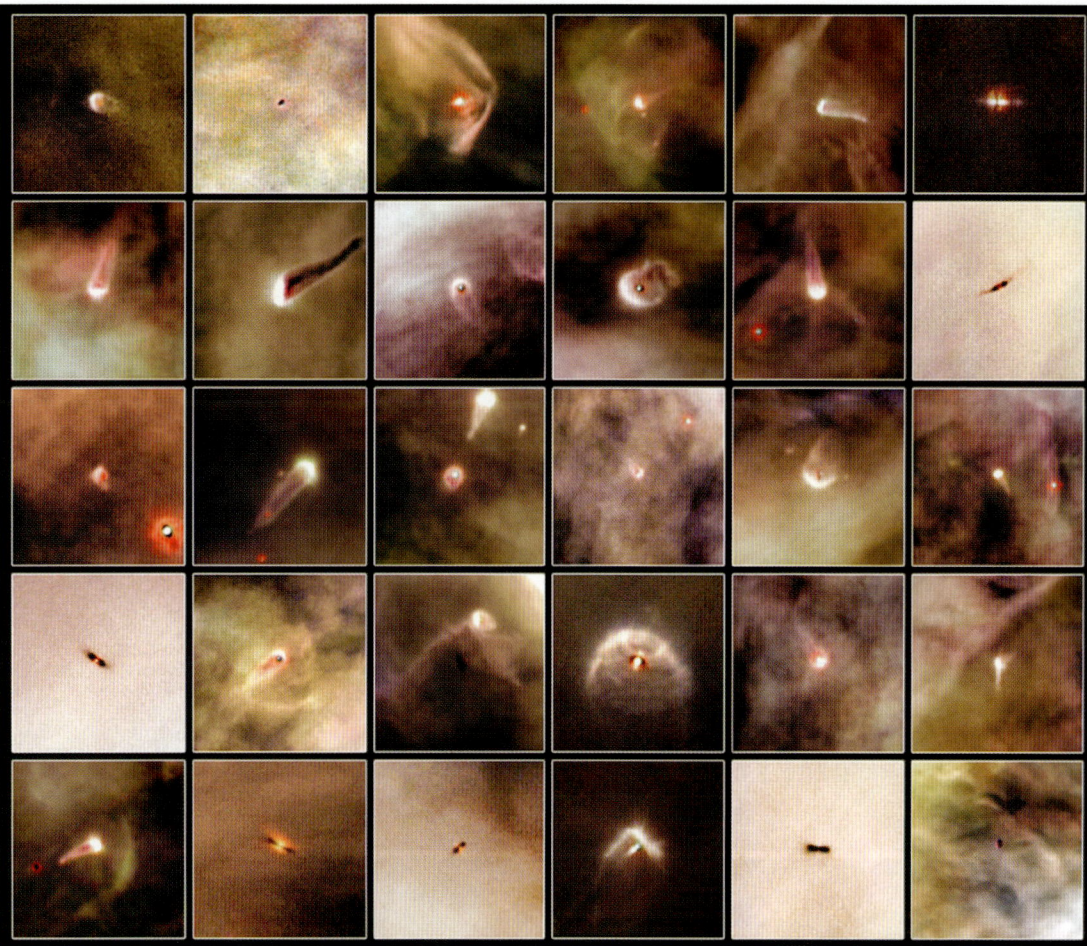

허블우주망원경이 촬영한 오리온성운의 다양한 원시행성계 원반이다.

로 형성된 원반을 검출하고 촬영할 수 있다. 원시행성계 원반proplyd이라고 부르는 이 디스크는 형태를 잡아가는 중인 태양계들이다. 오리온성운에서 촬영된 여러 원시행성계 원반은 아름답기 그지없으며, 이 가운데 화가자리 베타β Pic, 뱀주인자리 51^{51} Oph, 남쪽물고기자리의 일등성 포말하우트Fomalhaut, 거문고자리의 베가성 직녀Vega, 토끼자리 제타ζ Lep는 맨눈으로도 감상할 수 있다.

별들이 모두 똑같이 태어나는 것은 아니다. 별이 수소를 헬륨으로 융합하는 데 소비하는 시간, 즉 '주계열성Main Sequence star'으로 사는 시간을 결정하는 것은 별의 질량이다. 질량이 클수록 더 뜨거운 별이 되고, 수소 연료를 더 빠르게 소비하면서 에너지도 더 빠르게 생성된다. 결과적으로 주계열성으로 머무는 기간이 짧아진다.

현재 47억 년 정도 산 우리 태양과 같은 평균적인 규모의 별은 앞으로도 50억 년을 노년에 접어들기 전 단계인 주계열성으로 보낼 것이다. 태양보다 질량이 50배 큰 거대별이 수소 연료가 고갈되기 전 단계인 주계열성으로 머무는 기간은 고작 수백만 년이다.

주계열성에 있는 가장 작은 별은, 질량이 태양의 3분의 1에 못 미치는 적색왜성과 갈색왜성으로, 행성 내부에서 수소와 헬륨 혼합물이 대류를 형성하고 있다. 이 때문에 연소 비율 면에서 육중한 별에 비해 수소를 훨씬 오래 태울 수 있기 때문에 수백억 년을 살 수 있다. 이는 우주의 현재 나이보다도 더 오래 산다는 뜻인데, 그러한 최후 단계를 맞이한 적색왜성이 아직까지 관찰되지 않는 이유이기도 하다.

별의 색깔과 온도

우리는 별의 색깔을 통해 표면온도에 관한 정보를 얻을 수 있다. 진한 적색일수록 차가운 별이고, 진한 청색일수록 뜨거운 별이다. 색깔이 노란 우리 태양의 표면온도는 약 6,000℃이다. 적색 초거성으로 별의 최후 단계에 있는 오리온자리의 알파성 베텔게우스는 600광년 멀리 있으며, 태양보다 1,000배 크고 표면온도가 약 2,000℃로 태양보다 차갑다.

별의 구성성분은 영원한 수수께끼로 남을 것이란 전망이 지배적이던 시절이 있었다. 하지만 분광기의 등장으로 상황이 달라졌다. 스펙트럼으로 빛을 분리해주는 이 특수 장비로, 별의 화학 원소를 분석할 수 있게 되었기 때문이다. 스펙트럼에 나타나는 가느다란 검은 줄, 즉 흡수선들은 원소의 지문과 같다. 분광기로 측정할 수 있는 또 하나는 별의 방향속도이다. 도플러 이동 원리, 즉 가시선 효과에 따라 흡수선이 스펙트럼의 적색 또는 청색 영역으로 이동하면, 그 정도에 따라 상대속도를 계산할 수 있다. 별이 관찰자에게서 멀어질 경우 적색이동이, 가까워질 경우 청색이동이 관찰된다. 별은 스펙트럼 유형에 따라 O, B, A, F, G, K, M의 주요 7등급으로 분류된다. 고온의 O-형은 청색 별, G-형은 우리 태양과 같은 유형, M-형은 차가운 적색 별이다.

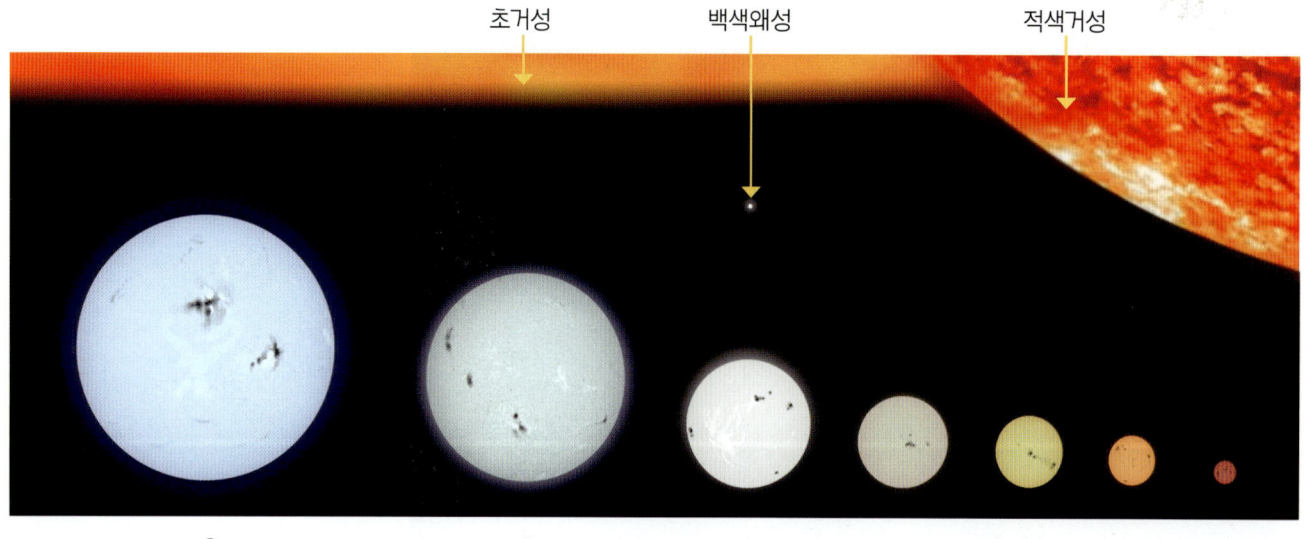

별의 크기는 제각각이다. 주계열성의 경우 고온의 O-형에서, 태양 정도의 G-형, 적색왜성인 M-형이 있고, 주계열성을 벗어난 경우 조그만 백색왜성 잔해, 커다란 적색거성, 초거성 등이 있다.

태양계 밖 행성

별들은 우리에게서 너무나 멀리 있기 때문에 그 주위를 가까이서 도는 천체를 가려내기란 불가능에 가까웠다. 따라서 어느 별 주위를 도는 행성, 곧 태양계 밖 행성은 감지할 수 없다고 여겨지기도 했다. 더욱이 행성은 반사된 빛에 의해서만 밝게 보이기 때문에 감지하기에는 너무도 희미하다. 또한 그 빛조차 화려한 별빛에 삼켜진 상태라고 생각되었다. 하지만 최첨단 기술로 무장한 초감각 측정장비 덕분에 인류의 오랜 소망인 태양계 밖 행성 발견의 꿈이 마침내 실현되었다.

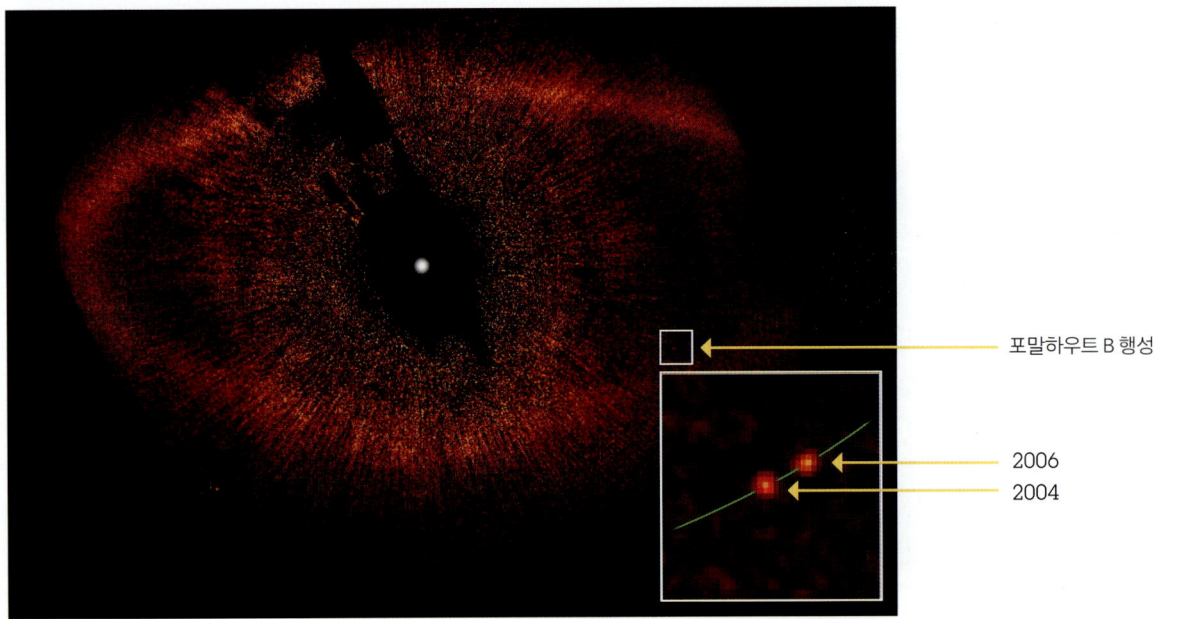

포말하우트 B 행성

2006
2004

허블우주망원경이 촬영한 남쪽물고기자리의 밝은 신생별 포말하우트 주위를 감싸고 있는 거대한 먼지 고리. 목성 질량의 약 세 배인 태양계 밖 행성 포말하트 B가 가운데 담겨 있는 모습.

태양계 밖 행성을 검출하는 기법은 별의 이동 속도, 즉 도플러 이동의 분 단위 변동을 측정하는 것이다. 별의 이동은 궤도의 행성들의 중력적 인력에 의해 발생한다. 행성이 무거울수록, 모별parent star에 가까울수록 관측 효과도 커진다. 이 기법으로 알 수 있는 것은 태양계 밖 행성의 최소 크기, 궤도 주기, 별과의 거리가 전부이다.

또 다른 검출 기법으로 별의 밝기 변동을 측정하는 방법이 있다. 행성이 별 앞을 지나면서 별을 배경으로 실루엣을 형성하며, 별을 다 통과하면 미세하지만 감지할 수 있을 정도로 밝기가 떨어진다. 이 기법으로는 별과 행성의 질량과 반경을 비롯해 보다 많은 것을 알 수 있다. 별과 그 행성계가 아주 작은 부분이라도 일단 관측시선에 들어오면 천문학자들은 태양계 밖 행성의 중력과 밀도를 구할 수 있으며, 이들의 구성성분과 표면 조건에 대해서도 타당성 있는 추론이 가능하다.

현재는 별의 상당수가 행성계를 꾸리고 있으며, 대략 반절이 우리 태양과 같은 별이라고 추측하고 있다. 우리 은하에만 행성 수가 수백억 개에 이를 것으로 추정된다. 1995년에 최초로 페가시우스 51번성51 Pegasi이 태양과 같은 별 1호로 밝혀졌다. 이 별의 유일한 태양계 밖 행성은 목성의 반절 질량에 4.2일마다 한 바퀴를 도는 매우 빠른 행성이다. 이후 다양한 태양계 밖 행성계에서 수백 개의 태양계 밖 행성이 발견되었다.

태양계 밖 행성 발견에 쓰이는 장비는 지구-기지 망원경과 관측위성이다. 그 가운데 2009년 나사NASA에서 쏘아올린 케플러 미션의 활약이 인상적이었다. 이 위성은 우리의 이웃 은하에서 지구와 같은 태양계 밖 행성을 발견하기 위한 특수 임무를 수행 중이다. 한편 나사의 제임스 웹 우주망원경James Webb Space Telescope은 케플러의 눈부신 활약을 이어받아 별을 통과 중인 행성의 대기 속 화학 구성성분을 매우 정확하게 측정해냈다. 이는 우리 행성, 즉 지구처럼 따뜻한 온도가 유지되는 궤도를 돌며, 표면에 물이 존재할 수 있고 생명에 유리한 대기를 유지하는 적절한 크기의 행성 존재 확률이 어느 정도인지, 또는 생명이 자라는 데 필요한 조건이 이 우주에 얼마나 되는지를 가늠하는 중요한 기초 조사이다.

연료가 고갈되면

별이 마침내 별의 핵에 있는 수소 원료를 다 쓰고 나면, 에너지 생성량이 뚝 떨어지고, 핵의 온도와 압력도 낮아진다. 이에 대한 반응으로 핵이 살짝 수축하면서 온도를 급격히 상승시켜 핵을 둘러싸고 있던 수소 껍질을 점화시킨다. 이전까지는 융합 반응을 일으킬 온도에 미치지 못한 상태였지만, 이 시점에서 별은 주계열성에서 벗어난다. 즉 별은 점점 팽창하고 표면적이 증가하면서 이전보다 더 밝게 나타나기도 하나, 곧 표면이 식으면서 붉은 색으로 변한다. 이제 별은 적색거성이 되었다.

별의 핵이 수축하면서 압력이 상승하고 온도가 높아지며, 마침내 핵내 잔여 헬륨의 연소반응을 개시할 정도의 온도에 이른다. 헬륨은 탄소로 융합된다. 핵이 주기적으로 수축함에 따라 별의 외부 대기가 우주공간으로 내뿜어지고, 이들이 고리나 껍질을 형성한다. 망원경으로 보면 마치 유령행성처럼 보이기 때문에 이를 행성상 성운이라고 한다. 이 중심에는 고밀도로 압축된 별의 유해가 있다. 지구만 한 천체로 백색왜성이라 불리는 이들은 밀도가 매우 높아 하나의 무게가 1메트릭톤1,000킬로그램을 1톤으로 하는 중량 단위에 달한다. 행성상 성운의 내부에 있는 수소 기체는 백색왜성이 방출하는 자외선 방사에 의해 이온화되면서 활활 타오르게 된다. 그러나 행성상 성운의 수명은 길지 않다. 보통 10만 년을 넘기지 못하며 계속 팽창하다가 사라진다. 우리 은하에만 약 1,000개의 행성상 성운이 존재한다.

행성상 성운은 별들의 장대한 진화 과정에 비하면 상대적으로 아주 짧은 기간 빛을 발하기는 하지만, 우주에서 가장 아름다운 천체임은 분명하다. 비록 생성 방식은 동일하지만 이 죽어가는 별들이 내뿜은 기체들은 다양한 형태를 가진다. 가장 크고 밝은 성운은 작은여우자리의 아령성운Dumbbell Nebula으로, 쌍안경으로도 관찰된다. 양쪽으로 펼쳐진 빛나는 로브lobes는 마치 반짝거리는 사과 단면 같다. 망원경으로 관찰할 수 있는 거문고자리의 고리 성운Ring Nebula, M57도 아름답기 그지없다. 빛나는 도넛 같은 이 성운의 한가운데 자리한 백색왜성은 중대형 장비로 관찰할 수 있다.

허블우주망원경이 촬영한 행성상 성운 모음. 이들은 모두 망원경으로 관찰이 가능하다. 원편상단에서 시계방향으로, 거문고자리의 고리 성운(M57), 용자리의 고양이 눈 성운(NGC 6543), 독수리자리의 불타는 눈 성운(NGC 6751), 물병자리의 토성상 성운(NGC 7009), 물병자리의 나선 성운(NGC 7293), 뱀주인자리의 작은 유령 성운(NGC 6369).

초신성

이 육중한 별은 적색 초거성으로 변모했지만, 아무런 흔적 없이 조용히 사라지기를 거부한다. 생명이 다하는 시점에서 자신이 가진 핵반응 연료가 완전히 고갈되면 매우 불안정한 상태가 되고, 마침내 중심의 핵이 붕괴한다. 우리 태양 크기의 이 핵은 수백만 분의 1초 내로 자체 중력에 이끌려 안으로 응축된다. 충격파가 별의 외층을 강타하고 반동하면 초신성 현상이 개시된다. 즉 엄청난 폭발이 뒤따르고, 동시에 자기 은하의 모든 별빛을 순간적으로 가릴 만큼 어마어마한 빛을 내뿜는다. 초신성이라고 하는 이 사건은 우주적 시간 척도에서는 찰나에 불과하지만, 태양이 일생 동안 방출할 총에너지에 맞먹는 에너지를 생성할 수 있다.

우리의 이웃 은하인 대마젤란운은 1987년 2월에 초신성 폭발을 주관하는 주인 노릇을 했다. 이 허블우주망원경 이미지에서 초신성 잔해가 선명히 빛나는 고리에 둘러싸여 있다. 이 고리는 급속히 전달된 초신성 충격파에 의해 주변의 먼지와 기체가 가열된 것이다.

1054년 눈부신 신생별이 황소자리에 등장했다. 이 별은 너무나 밝아서 3주 동안 대낮에도 보였으며, 이후 점차 희미해졌지만 거의 2년간 맨눈으로도 보이는 천체로 존재했다. 소형 망원경으로 보면 아직도 희미하게 빛나는 조각이 보인다. 이 사진은 허블우주망원경이 촬영한 초신성 폭발 잔해인 황소자리의 게 성운(M1)이다. 이의 중심에서 초고밀도의 고속 회전 펄서가 방출하는 라디오파와 가시광선은 초당 30회 우리 쪽을 향해 번쩍인다.

폭발이 한창인 지점에서 별의 핵이 중성자별로 쪼그라들 경우 핵의 붕괴가 중단되기도 한다. 중성자별이란 우리 태양과 질량은 비슷하지만 지름 10킬로미터 정도의 크기에 질량이 초고밀도로 밀집된 천체이다. 일단 중성자별이 형성되면 믿을 수 없는 속도로 빠르게 회전하면서 회전축을 따라 라디오파를 방출한다. 이 라디오파를 망원경으로 관찰하면 규칙적인 맥동이 검출되기 때문에 이러한 별을 펄서맥동성, pulsars라고 부른다.

초신성이 폭발하는 동안, 태양을 세 개 합친 것보다 더 무거운 별의 핵이 중력에 의해 완전히 응축되면 아무것도 이를 막을 수 없다. 이들의 중력은 너무나 막강해서 그 어떤 것도, 심지어 빛조차 빠져나갈 수 없다. 우주에 블랙홀이 실질적으로 만들어진 것이다. 우리가 알고 있는 물리 법칙은 사건의 지평선이라고 하는 블랙홀의 테두리에서 그 효력을 잃는다. 우리 은하를 비롯해 대다수 은하들은 이들의 중심에 태양 질량의 수십억 내지 수백억 배 규모의 초질량 블랙홀을 가지고 있다고 여겨진다.

3. 태양계 밖 천체

우리 태양계는 우리 은하인 은하수의 한 나선 끄트머리에 소박하게 둥지를 틀고 있다. 이 태양계를 벗어나 모험을 시작해 태양계 밖 우주로 들어가면 그야말로 경이로운 세계가 열린다. 형형색색의 다중성이라든지 성단, 이글거리는 성운을 비롯한 수천의 태양계 밖 천체들은 쌍안경과 소형 망원경으로도 관찰된다. 은하수 저 뒤편 깊숙이 숨겨진 수천의 보물들은 망원경 접안렌즈에 그 모습을 드러낸다.

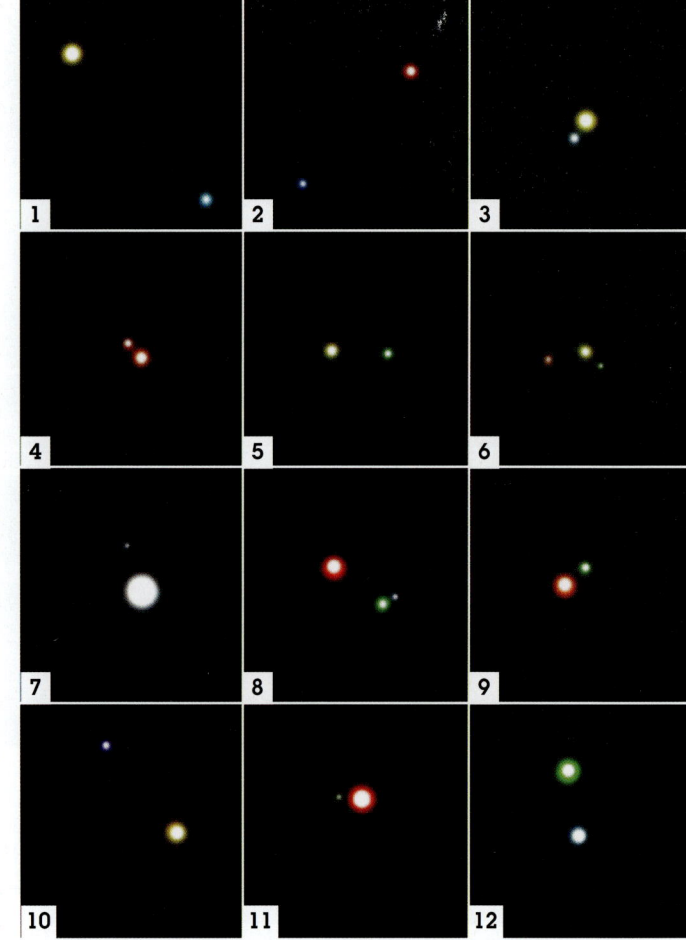

화려한 색채의 이중성 12쌍, 이들은 소형 망원경으로 관찰할 수 있다. 아래 가장 멋진 이중성을 추린 것(잘 보이도록 색깔을 덧입힘).
1. 백조 베타(알비레오)
2. 페르세우스 에타
3. 목동 입실론
4. 목동 크시
5. 돌고래 감마
6. 카시오페이아 요타
7. 오리온 베타(리겔)
8. 안드로메다 입실론
9. 헤르쿨레스 알파
10. 사냥개 알파(코르카롤리)
11. 전갈 알파(안타레스)
12. 전갈 베타

복성

별이 모두 혼자 지내는 것은 아니다. 사실 우리 은하의 별들은 반절 가량이 하나 또는 여러 자매별과 가까이 지낸다. 이중성이나 복성은 서로 매우 가깝게 있어 이들 궤도는 중력 중심을 공유한다. 관측시선line-of-sight에는 이중성으로 보이는 별들도 많지만, 이러한 겉보기 근접성은 관찰각도에 기인한다. 이 경우 이들은 멀리 떨어져 있어 서로 아무런 중력 영향을 받지 않는다.

빅토리아 시대 천문학자들은 이중성을 식별해 두 별의 간격을 재고 색깔을 파악하는 연구를 즐겼다. 이는 오늘날 별지기들도 마찬가지다. 특히 이중성의 튀는 색깔과 선명한 색상 대조는 흥미진진한 관찰 대상이다.
맨눈으로 볼 수 있는 가장 유명한 이중성은 큰곰자리 꼬리 끝에서 두 번째 별인 미자르Mizar일 것이다. 눈썰미가 좋은 사람이라면 미자르의 짝인 희미한 알코르Alcor를 광학장비 없이 가려낼 수 있다. 영국인들에게는 수년 동안 '잭과 마차'로 알려진 이 짝은 우주 공간에서 비교적 가까운 거리인 3광년 정도 떨어져 있다. 그런데 미자르를 소형 망원경으로 관찰한 결과, 알코르보다 훨씬 가까이 있는 짝이 발견되었다. '미자르 B'로 명명된 이 짝은 1650년에 망원경으로 발견된 최초의 이중성이다. 알코르는 약 1백만 년이 걸려 미자르계를 한 바퀴 도는 반면, 미자르 B는 5천 년에 한 바퀴를 돈다.
맨눈으로 관찰되는 또 다른 유명한 이중성으로는 아주 밝은 별인 거문고 엡실론ε Lyr이 있다. 이들은 각각 짝을 가지고 있는 '이중-이중성'으로, 고배율의 소형 망원경으로 관찰하면 각각의 구성 별들을 식별할 수 있다. 빠뜨릴 수 없는 또 다른 이중성으로 오리온 세타θ 사다리꼴 성단, Ori, Trapezium Cluster가 있다. 장관을 이루고 있는 오리온 성운의 심장에 위치한 이 고온의 신생별 무리들은 주위 기체에 빛을 발하고 있다. 소형 망원경으로 이 녹색 별 구름으로 둘러싸인 4개의 밝은 별을 볼 수 있다.

변광성

밝은 별들은 때때로 깜박거리는 것처럼 심지어 일련의 색깔들을 번쩍거리는 것처럼 보인다. 이는 지구 대기의 불안정성 때문이며, 별 자체가 방사하는 빛과는 무관하다. 그런데 실제로 일정 시간을 두고 규칙적으로 혹은 반규칙적으로 또는 불규칙적으로 밝기가 변하는 별들이 많이 있다. 밝기 변동 폭이 아주 작은 별들도 있지만 수십 배 등급 차이를 오가며 깜박이는 별들도 있다.

식쌍성

페르세우스자리에서 두 번째로 밝은 별은 고대 아랍어 이름인 알골Algol, 악마로 알려져 있다. 알골은 2.87일마다 밝기가 크게 떨어지고, 약 10시간 동안 이 최소 밝기를 유지한다. 이러한 유형의 변광성을 식쌍성이라고 한다. 알골의 밝기 급락은 맨눈으로도 쉽게 관찰되는데, 알골을 돌고 있는 매우 크고 흐릿한 별에 의해 일시적으로 가려지면서 일어나는 현상이다.

이밖에도 여러 식쌍성이 있다. 이중 가장 매혹적인 별은 마차부자리 엡실론ε Aur이다. 이 별은 마차부자리의 일등성 카펠라Capella 근처 키즈Kids 성군의 작은 삼각형 중 꼭대기별이다. 백황색의 이 초거성 엡실론성은 27.1년마다 두꺼운 먼지 고리가 둘러진 미지의 별에 의해 2년 동안 가려진다.

세페이드 변광성

세페이드 변광성으로 알려진 이 특별한 초거성 부류는 운율적으로 팽창과 수축을 반복하며 밝기를 달리한다. 이들의 변동 주기 또한 2일에서 50일로 다양하다. 이들의 밝기가 변동 주기와 연관되므로, 세페이드는 은하수의 크기 및 다른 은하와의 인접성을 측정하는 데 매우 중요한 역할을 한다. 밝은 세페이드일수록 변동 주기가 길다. 세페이드의 겉보기 밝기와 실제 밝기를 비교하면 이의 거리를 정확하게 구할 수 있다.

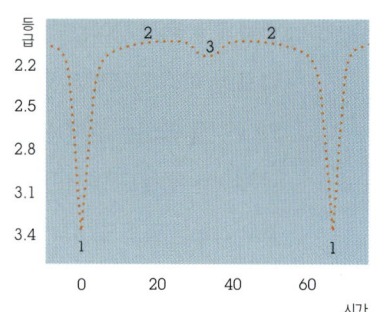

알골의 밝기는 규칙적으로 변화한다. 알골보다 크지만 희미한 별이 알골 주위를 돌면서 알골을 가리기 때문이다.

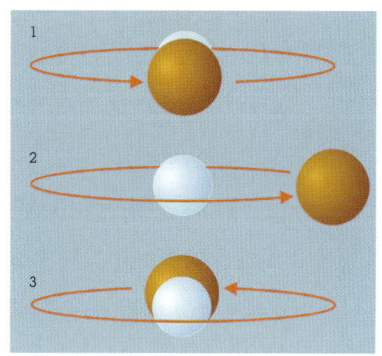

식의 위상변화:
(1) 최소 밝기
(2) 최대 밝기
(3) 2차 밝기 감소

장주기 변광성

느긋하게 깜박이는 장주기 변광성들도 팽창과 수축을 반복하며 세페이드처럼 밝기 변동을 보인다. 하지만 이들의 변동 주기는 일반 패턴에 국한된다. 가장 잘 알려진 장주기 변광성은 고래자리 Cetus의 미라Mira로, 평균 주기가 약 330일이며, 이의 밝기 변동 폭은 맨눈으로 쉽게 보이는 밝기에서 쌍안경으로도 감지하기 어려운 밝기까지 그 폭이 매우 넓다.

불규칙 변광성

밝기와 주기가 각각 또는 함께 예측할 수 없이 달라지는 별들을 불규칙 변광성이라고 하며, 맥동형과 분출형 두 유형이 있다. 맥동형은 일생을 마치기 직전의 아주 늙은 초거성으로, 핵반응 연료가 바닥이 나면서 예측할 수 없게 팽창과 붕괴를 거듭한다. 분출형은 우주 공간으로 물질을 방출하면서 밝기가 급등하며 표면도 일시적으로 이전의 수배 이상 밝아진다.

별의 대격변

대격변형 변광성은 보통 주요별인 백색왜성과 부차적 별인 적색왜성으로 이루어진다. 이처럼 두 별이 가까이 궤도를 도는 계에서, 한 별이 생명이 다하여 주계열성을 벗어나면서 백색왜성이 되면, 여전히 주계열성에 머물고 있는 가벼운 적색왜성 짝은 어쩔 수 없이 백색왜성에 먹히는 처지가 된다. 두 별이 매우 가까이 있기 때문에 백색왜성의 중력이 이웃 적색왜성의 형태를 변형시키고, 이어서 기체 상태의 수소층이 백색왜성 쪽으로 이끌려 나와 고온의 원반을 형성하게 된다. 이 기체 상태의 수소가 덩어리째 사나운 백색왜성의 표면에 떨어지기라도 하면 순간적으로 폭발이 일어난다. 이를 노바Nova라고 하며, 별의 밝기가 갑자기 크게 증가하기 때문에 마치 난데없이 신생별이 태어난 것처럼 보인다.

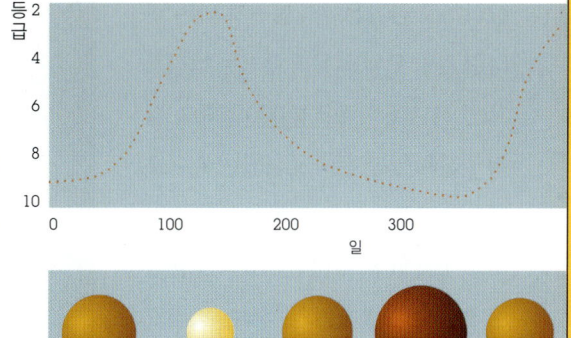

장주기 변광성인 고래자리의 미라는 그림과 같이 약 330일 주기로 크기와 밝기 변동을 보인다.

은하수 내부와 주변

납작하고 한가운데가 불거져 나온 커다란 원반 모양의 우리 은하는 너비가 **10만 광년**에 이르고, **2,000억** 개의 별이 밀집해 있다. 은하 중심에는 아주 오래되고 질량이 낮은 적색 별들이 조밀하게 뭉쳐 있다. 주변부의 납작한 원반은 별들이 활발하게 생성되는 영역으로, 이의 밝은 빛들이 나선팔들을 은은하게 밝히고 있다. 이 영역에는 눈부신 어린 백색 별, 청색 별과 이들의 성운이 들어 있다. 언뜻 보면 나선은하는 이의 중심부와 빛나는 나선팔로 이루어진 듯하다. 하지만 사실은 나선팔 사이의 어두운 길에는 불투명한 먼지와 기체 구름이 가득하다. 이 물질에서 미래의 무수히 많은 별들이 태어난다.

만일 우리가 속해 있는 은하를 정면에서 내려다본다면, 허블우주망원경이 촬영한 페가수스 UGC 12158 은하와 아주 흡사할 것으로 추정된다. 이 은하 사진에서 빨간 점으로 표시된 것이 우리 태양계의 근사 위치다.

우리 태양계는 우리 은하 중심에서 가장자리까지의 3분의 2 근처에 위치한다. 이 은하면 상의 우리 태양계 위치에서 은하수의 별들을 바라보면 이들은 아주 먼 하늘 저편에, 둥글게 쳐진 눈부신 띠처럼 보인다.

맨눈으로 볼 수 있는 별들 대다수는, 즉 최상의 여건에서 보이는 약 6,000여 별은 우리가 속한 조그만 우주 조각에 담겨 있다. 가장 가까운 100여 개의 별들 중 3분의 1만이 육안으로 보일 만큼 밝다. 물론 그중 고작 세 개의 별이 10광년 거리 안쪽에 있다. 육안으로 보이는 가장 가까운 별이자 우리 태양과 흡사한 켄타우루스 알파α Cen에서 출발한 빛이 우리에게 닿기까지는 꼬박 4.37년이 걸린다. 육안으로 보이는 가장 먼 별인 전갈자리의 요타-2$^{1\text{-}2}$ Sco 초거성은 3,700광년 멀리 떨어져 있다.

우리 인근의 우주에서 희미한 M-형 적색왜성인 켄타우루스 프록시마Proxima Cen에서 O-형 청색 별인 고물 제타ζ Pup까지 모든 유형의 주계열성을 찾아볼 수 있다. 갈색왜성도 꽤 많고, 생명이 다해가는 백색왜성들도 간간히 보인다.

뱀주인자리의 희미한 적색왜성 바너드별Barnard's Star은 쌍안경으로만 볼 수 있다. 6광년 멀리 떨어진 이 별은 알파 켄타우루스 다음으로 태양에서 가까운 별이다. 1916년에 천문학자 에드워드 바너드가 발견한 이 별은 지금까지 알려진 별의 운동 중 정확하게 알려진 부분이 가장 많다. 이 별은 매해 10.3아크초라는 굼벵이 속도로 천구를 배경으로 운동한다. 이는 100년 동안 이동한 거리가 달의 겉보기 지름의 반절에 지나지 않는 속도이다. 바너드별은 시속 50만 킬로미터의 상대속도로 우리에게 다가오고 있으며, 앞으로 1만 년 내외에 우리에게 가장 근접할 것이다. 그때 거리는 약 3.8광년일 것이다.

시리우스는 밤하늘을 통틀어 가장 밝은 별이다. 다른 어떤 별보다 두 배는 더 밝아 보인다. 8.6광년 떨어진 이 눈부신 A-형 청백색 별은 우리 태양으로부터 다섯 번째로 가까운 별이다. 물론 시리우스가 그처럼 밝게 보이는 것은 우리 태양에서 가까운 탓도 있다. 물론 절대등급으로 보면 더 밝은 별들도 많이 있다.

산개성단

별은 고립되어 태어나는 일이 드물다. 태양만 해도 지금은 단일체지만 약 50억 년 전에는 태양이 태어난 그 먼지 기체 구름에 여러 자매 별들과 함께 있었을 확률이 높다. 신생별들이 무리지어 있는 성단이 은하의 먼지 기체 구름 깊숙한 데서 검출되었다. 이들은 적외선 방사 형태로 방출하는 열을 통해 검출되며 직접 관찰되지는 않는다.

남십자성에 있는 아름다운 보석상자 산개성단. 이의 밝은 별들은 다양한 색깔로 반짝인다.

우리 은하 인근에만 1,000개가 넘는 산개성단이 있다고 알려져 있다. 우리 은하수 관측이 은하면 상의 먼지 기체 구름에 의해 방해를 받기 때문에 실제 수효는 이보다 훨씬 많다고 볼 수 있다. 성단이 탄생한 후 수백만 년이 지나면 이를 고치처럼 둘러싸고 있는 먼지 기체들은 갓 태어난 성단의 열기가 일으키는 강력한 바람을 맞고 흩어진다. 약한 중력적 구속에 묶여 있는 신생별들은 약 1억 년에 걸쳐 더 광범위한 중력에 이끌려 은하면을 따라 멀리 퍼져나간다.

천문학자들은 산개성단을 통해 별의 진화에 관한 귀중한 정보를 얻는다. 이들의 구성체들은 모두 거의 같은 거리에 있기 때문에 이들의 밝기를 같은 방법으로 어렵지 않게 비교할 수 있다. 모두 같은 먼지 기체 구름에서 형성되었기 때문에 산개성단 내 별들은 모두 나이가 비슷하며 화학적 구성도 유사하다. 때로 산개성단에 질량이 다른 별이 들어 있는 경우도 있다. 즉 우리 태양보다 더 가벼운 왜성에서부터 수백 배 무거운 거성까지 들어 있다. 이처럼 다양한 천체가 들어 있는 성단은 형형색색의 보석이 반짝거리는 상자같이 보인다.

성운

백조자리에 위치하며 은하수를 가로지르는 대 암흑 균열. '북쪽석탄자루'라고도 불리며, 수만 광년 너비의 고밀도 은하 구름에 의해서 생성되며, 은하수의 백조자리 팔과 우리가 있는 소용돌이 팔을 갈라놓는 암흑이기도 하다.

별들이 활발히 태어나고 있는 독수리 성운의 일부를 10광년 가로질러 퍼져 있는 어두운 먼지 기체 첨탑 소용돌이. 가장자리의 울퉁불퉁한 범프들은 별들 쪽으로 이동하면서 응축된다. 인근의 고온의 무거운 어린 별들에서 흘러나오는 적외선 빛들이 첨탑 소용돌이를 밀어내면서 부식시키고 있다.

은하수에는 엄청난 먼지 기체 구름이 들어 있다. 일부는 주변의 밝은 별빛에 의해 실루엣이 나타나면서 관찰되는 부분도 있고, 인근 별빛을 반사하면서 빛나거나 스스로 빛을 방출하면서 빛을 발하기도 한다.

빛 공해가 심한 도시를 떠나 깜깜한 곳에서 은하수를 바라보면 은하수의 길고 빛나는 띠를 제대로 볼 수 있다. 은하수 구조의 상당 부분은 은하면 상에 놓인 성간 먼지 기체의 방대한 구름 덕에 관찰되는데, 이들이 멀리서 반짝이는 별빛들을 가려주고 있기 때문이다.

반사성운

갓 태어난 빛나는 별들의 빛이 주변의 먼지 기체, 즉 자신들이 태어난 우주적 자궁을 비추면서 반사성운reflection nebulae을 만든다. 성운의 밝기는 별빛을 반사하고 있는 먼지 입자의 크기와 밀도, 그들을 비추는 별들의 색깔, 밝기, 근접도에 따라 달라진다. 반사성운은 대체로 푸른색을 띠는데, 이는 탄소 먼지 입자의 반사 성질청색 파장이 적색 파장에 비해 산란 성질이 우수함 때문이다.

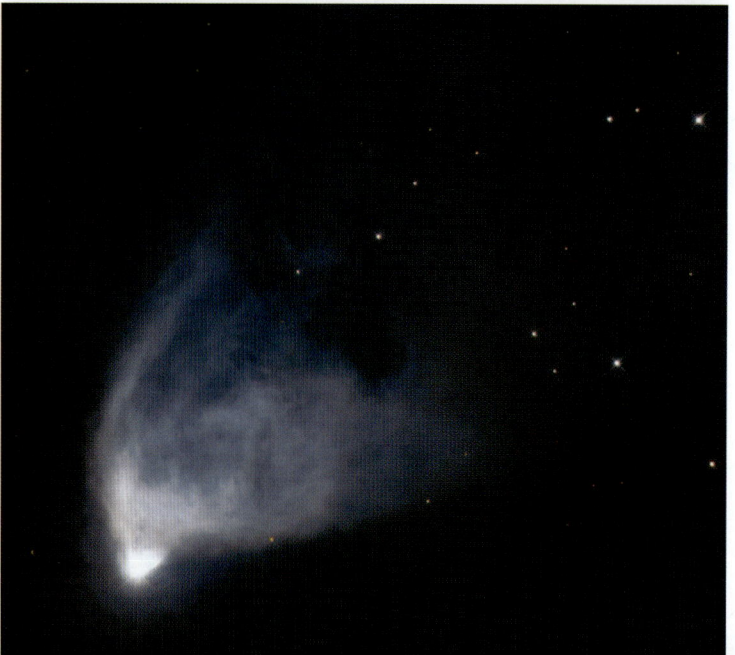

(위) 하늘에 있는 모든 방출성운(emission nebulae) 중에서 가장 밝고 멋진 장관을 이루는 오리온 대성운. 오리온의 칼자루에서 희미하게 빛나는 이 조각은 쉽게 보이며, 아마추어용 망원경으로 보면 뚜렷한 녹색 색조가 확인된다. 위 사진에서는 붉은 성운이 도드라지게 보인다. 약한 기체 흐름이 성운의 중심부에서 조용히 쓸려나가고 있다. 이 중심부에는 오리온 세타 (θ Ori) 사다리꼴 성단 4개의 신생별이 박혀 있다. 바로 가까이의 암흑 성운이 더 밝은 부분을 뒤로 하고 밀고 들어가면서 '상어의 입' 모양을 형성해 상어 입이라고 알려져 있다. 1789년 자신이 직접 제작한 1.2미터 반사망원경으로 이를 관찰한 윌리엄 허셜이 '불타는 듯한 무형의 안개, 미래 태양이 될 혼돈 상태의 물질'로 묘사한 바 있다. 1,600광년 떨어진 오리온 성운은 오리온자리 전반에 걸쳐 펼쳐져 있는, 대단히 크지만 매우 희미한 분산성 성운의 일부이다.

(아래) 허블우주망원경이 촬영한 외뿔소자리의 변동성운. 넓은 부채 날개 모양의 반사성운으로 이의 밝기가 외뿔소자리의 꼭대기 별인 모노세로티스 R성(R Monocerotis)의 밝기 변동에 따라 변화한다. 가까이 있는 별의 먼지 흐름이 성운의 기둥 면에 거대한 그림자를 드리우면서 끊임없이 변화하는 장관을 연출한다.

구상성단

우리 은하는 약 1,500개의 구상성단이 이루는 광대한 후광으로 에워싸여 있다. 구상성단이란 수십만 개의 늙은 적색 별들이 서로의 중력에 이끌려 구체 형태로 질량 분포를 이루면서 운집해 있는 장대한 별 무리를 말한다. 구상성단은 지극히 오래된 개체로, 이의 별들은 은하에서 가장 먼저 생성된 것들에 속한다. 구상성단에는 늙은 적색 별들이 평균 수십만 개 들어 있고, 너비도 100광년이 넘는다. 이 별들은 중앙으로 갈수록 더욱 빽빽하게 모여 있으며, 아주 밀집된 성단의 경우 이의 별들은 중앙에서 수주에서 수개월 광년 떨어져 있다.

천문학자들은 이 방대한 구형의 별 운집체가 어떻게 생겨났는지, 이들의 구상 형태가 수십억 년 동안 어떻게 유지되었는지를 밝히기 위해 연구를 거듭했다. 일부 구상성단의 중앙에 거대한 블랙홀이 도사리고 있으며 이들이 질량의 구심점이 되어 그 주위로 성단이 돌고 있다고 생각할 수도 있다. 그런데 대부분의 구상성단 내부에는 그 어떤 이질적인 것도 존재하지 않는다. 대신 촘촘히 밀집된 별들이 중력에 휘둘린 채 힘겹게 움직이고 있을 뿐이다.

북쪽 하늘에서 가장 큰 구상성단 M13은 헤르쿨레스자리에 있으며 맨눈으로도 쉽게 알아볼 수 있다. 망원경으로 보면 훨씬 아름다운데, 대다수의 경우 밝은 별들이 조밀하게 뭉쳐 있는 중앙을 확인할 수 있다. 허블우주망원경이 근접 촬영한 이미지로, 약 22,000광년 멀고, 30만 개의 별들이 모여 있다.

은하수 너머

우리 은하는 광대하기는 하지만, 우주 전역에 흩어져 있는 수십억 성계 중 하나일 뿐이다. 우주에는 우리 은하보다 훨씬 작은 은하도 있고, 더 큰 은하도 있다. 넓게 펴진 소용돌이 모양이라든지 우아한 시가 같은 타원 은하가 있는 반면, 일정한 형태가 없는 것도 있다.

은하수는 국부은하군local group of galaxies의 일부분이다. 국부은하군이란 50개 이상의 은하들이 중력적 상호 인력에 의해 서로 붙들려 있는 성단을 말한다. 우리 은하와 가장 가까운 은하 가운데 조그마한 위성 은하로는 소마젤란운과 대마젤란운이 있다. 이들은 남반구 하늘에서 맨눈으로 보면 마치 운무 조각처럼 보인다. 국부은하군의 다른 두 거대 구성원으로 안드로메다 은하M31와 삼각형자리의 바람개비은하M33가 있다. 이들은 각각 25억 광년, 28억 광년 떨어져 있다. 두 은하는 양호한 조건에서 맨눈으로도 어렴풋이 보인다. 국부은하군도 사실 더욱 강력한 중력적 인력으로 결속된 개체인 처녀자리 초은하단Virgo Supercluster에 속한 수백 개의 고만고만한 은하 성단의 하나일 뿐이다. 처녀자리 초은하단은 너비만 해도 수억 광년이다. 상상력을 더 발휘하면 우리가 관찰할 수 있는 우주에는 이런 초은하단이 무려 수백만 개나 있다.

은하 간 우주공간을 깊숙이 들여다보면 우주 역사의 초창기가 보인다. 가장 가까운 은하조차 18만 광년 떨어져 있으며, 우리가 알고 있는 가장 먼 은하에서 출발한 빛은 130억 년 동안 우주를 달려와 우리와 만난다.

은하들은 이동하다가 종종 충돌하기도 한다. 사진은 UGC 1810과 UGC 1813 은하의 충돌 과정. 중력 조수적 상호 인력에 의해 끌리면서 두 은하 모두 형태가 비틀어지고 있다. 허블우주망원경 촬영.

허블우주망원경이 촬영한 우주 깊은 안쪽, 딥 필드. 먼 은하들의 빛이 중력 렌즈 효과에 의해 휘어져 활 모양으로 빛나고 있다.

이러한 은하가 어떻게 생성되었는지, 어떻게 진화하고 있는지 알기 위해 천문학자들은 이처럼 방대한 시간 주기를 고찰해야 했다. 은하들은 우주 역사의 아주 초창기에 거대한 기체 구름에서 형성되었다. 정확히 어떻게 은하 씨앗이 뿌려졌는지는 분명하지 않다. 하지만 초기 우주에 대한 연구를 통해 수소와 헬륨 기체들이 모종의 방법으로 파동을 일으키고, 이어서 좀더 밀도가 높은 부위들이 삼삼오오 자체 중력에 의해 붕괴되면서 최초의 성단과 은하가 형성되었으리라 보고 있다.

믿기 어렵겠지만 우리가 직접 검출할 수 있는 우주 물질은 우주를 채우고 있는 물질의 10분의 1에 불과하다. 나머지는 엄청난 암흑물질인데, 이들이 전체 질량의 90퍼센트를 차지한다. 암흑물질의 존재는 이들이 은하에 일으키는 측정 가능한 중력 효과와 중력 렌즈, 즉 먼 은하를 출발한 빛이 휘어 동일 배경의 천체 이미지를 왜곡시키거나 다중으로 보이게 하는 현상을 통해 알려지게 되었다. 일부 암흑물질은 블랙홀이라든지 늙은 중성자별, 갈색왜성과 먼지 형태로 존재하기도 하지만, 대부분의 암흑물질이 어떤 상태로 존재하는지는 아직 밝혀지지 않았다.

에드윈 허블Edwin Hubble, 1889-1953은 관측을 통해 먼 은하를 출발한 빛이 스펙트럼의 적색 끝 쪽으로 늘어나는 현상, 즉 적색이동을 한다는 사실을 밝혀냈다. 은하가 멀리 있을수록 적색이동이 커짐이 발견되었는데, 이는 더 빠른 속도록 멀어지고 있음을 뜻한다. 이는 우주가 팽창 중임에 대한 부인할 수 없는 결론이다. 마치 아주 먼 옛날 상상할 수도 없는 모종의 대폭발로부터 멀리 날아가고 있는 모습이다. 빅뱅이라고 불리는 이 폭발은 약 137억 년 전에 발생했으며, 우리가 아는 우주의 출발점이라고 여겨지고 있다. 그런데 직관에 반하는 발견은 이 우주의 팽창속도가 나날이 증가하고 있다는 점이다. 이러한 가속은 암흑에너지라는 미지의 힘에 의해 진행된다고 보고 있는데, 이 에너지의 성질은 앞으로 과학이 풀어야 할 수수께끼로 남아 있다.

머리털자리-처녀자리 은하 성단의 유명한 구성원인 머리털자리(Coma Berenices)의 검은 눈 은하(Black Eye Galaxy, M64)

4. 천구

아주 오랜 옛날부터 사람들은 별들은 광활한 천구의 내부에 있다고 상상했다. 즉, 한가운데 지구가 있고, 우리와 천구 사이를 오가며 태양, 달, 행성들이 별이 가득한 하늘을 배경으로 튀어나온 듯 모습을 드러낸 양상이다. 고대인들이 생각했던 우주는 오늘날과 판이하게 다르겠지만, 그럼에도 별들의 위치를 연구하는 천문학에서는 그러한 고대인의 우주를 그대로 사용하고 있다. 연구하는 데 편리하기 때문이다.

지구의 극축 및 적도의 연장선들을 써서 천구극과 천구 적도의 위치를 정의한다. 이러한 방식으로 지구본처럼 천구에 간단한 좌표계를 부여한다.

적위는 천구 적도에서 북쪽 +90°, 남쪽 -90°까지를 재는 평행선으로, 지구 위도에 해당하며, 천구 경도는 천구 적도를 따라 0에서 $24h^{시}$까지를 측정하는 큰 원인 적경 RA으로 나타낸다. 적위의 매 도와 RA의 매시간은 다시 60'(아크분), 매 아크분 arc min은 다시 60"(아크초)로 세분된다.

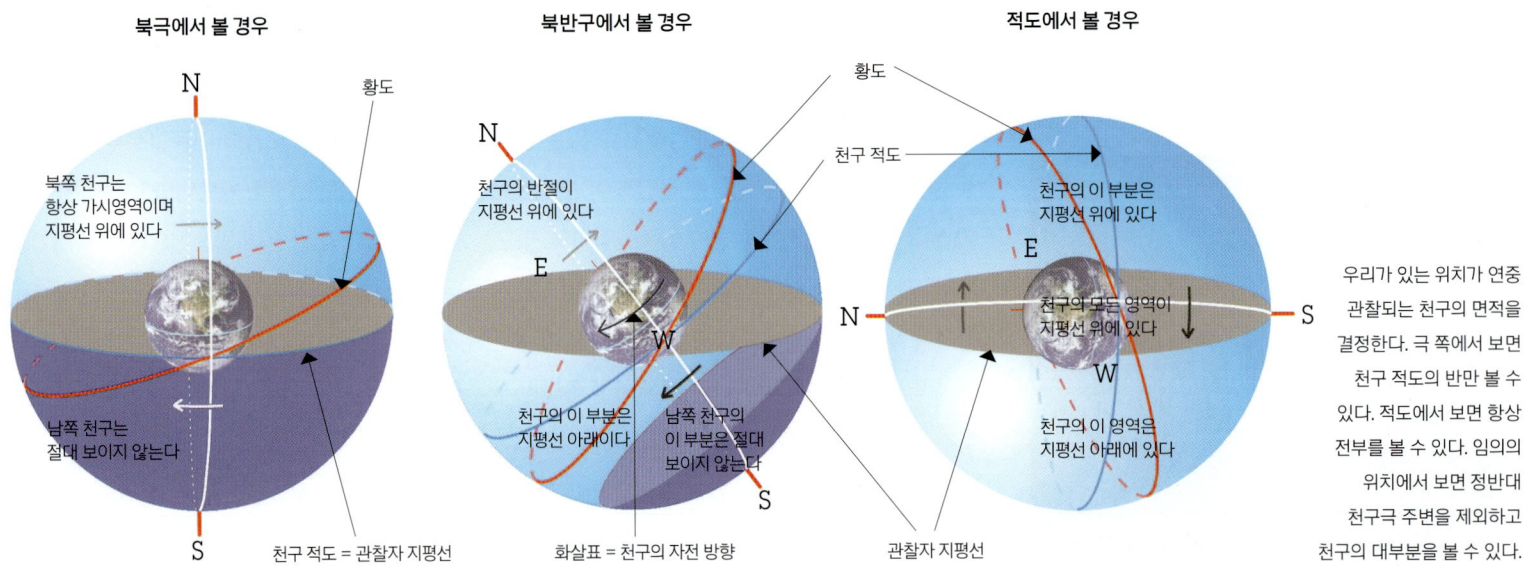

우리 태양의 연중 궤도는 천구에 중요한 기준선인 황도를 제공한다. 황도는 우리 태양의 겉보기 경로를 따라 그린 선으로, 전통적인 12황도 별자리는 모두 이 황도에 걸쳐져 있다. 지구의 자전축이 23.5° 기울어 있기 때문에, 황도는 천구 적도와 23.5° 각도를 유지하고 있다. 지구와 태양을 도는 주요 행성들의 궤도들이 거의 동일 평면 위에 있기 때문에 이들은 황도 가까이서 움직이는 셈이다. 일식은 지구, 달, 태양이 일직선상에 놓이면서 발생하는 현상으로, 여기서 식이라는 용어가 나왔다.

우리가 있는 위치가 연중 관찰되는 천구의 면적을 결정한다. 극에서 보면 천구 적도의 반만 볼 수 있다. 적도에서 보면 항상 전부를 볼 수 있다. 한편 임의의 위치에서 보면 정반대 천구극 주변을 제외하고 천구의 대부분을 볼 수 있다.

시간과 계절

지구는 24시간마다 지축을 중심으로 한 바퀴 돌면서, 365.25일마다 궤도를 따라 태양을 한 바퀴 돈다. 4년마다 0.25일이 더해져서 하루가 더 긴 2월이 생기는 해가 바로 윤년이다.

지구의 자전축은 황도면에 대해 23.5° 기울어 있는데, 이 기울기는 다른 별들에 대해서도 그대로 유지된다. 이에 따라 계절이 생기며, 계절에 따라 적도에서 멀어지고 가까워지는 현상을 체험하게 된다. 지구의 북극은 12월에는 태양이 닿지 못하는 각도로 비껴 있기 때문에 북극지방의 겨울은 햇볕 한 점 없

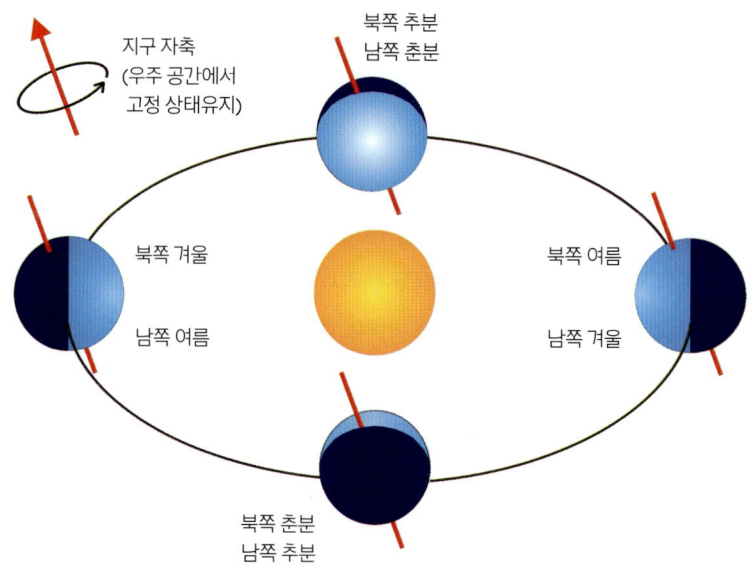

지구의 사계절

는 암흑이다. 반면 남반구는 해가 높이 떠 있고, 남극지방은 24시간 햇볕을 쬐게 된다. 정확히 반년 뒤에는 정반대의 상황이 연출된다. 6월, 즉 지구가 궤도의 반대편으로 이동한 시점이다. 이제 북극이 태양을 향해 기울어 있어 북반구의 여름이 정점을 찍고, 남반구는 한겨울이다. 이 양극단을 하지와 동지라고 한다. 하지와 동지 사이에 춘분과 추분이 있다. 즉 북극과 남극 모두 태양 쪽으로 기울어지지 않은 계절로, 지구의 구석구석이 12시간의 낮과 12시간의 밤을 맞는다.

별들의 연중 행진

지구의 어느 곳에서든 천구의 극을 둘러싸고 있는 영역은 항상 가시 영역이다. 다만 위도에 따라 이 주극성 영역의 면적이 변한다. 지구의 극에서 보면 북극이든 남극이든 정확히 하늘의 반절이 주극성 영역이다. 즉 지평선 위의 모든 것이 가시 영역이다. 작은곰자리 알파 α Umi인 폴라리스Polaris는 천구의 북극에 아주 가까이 있어 북극성이라고 불리며, 북극의 바로 머리맡에 있다. 지구가 지평선과 평행인 트랙을 따라 별 주위를 돌기 때문에, 이 지역에서는 별이 뜨지도 않고 지지도 않는다. 런던 52°N 위도에서 보면, 천구 북극이 52° 높이 있다. 천구 +38° 북쪽의 모든 것이 주극성이다. 반면 이 적위의 남쪽 별들은 뜨고 지는 것처럼 보인다. 천구 -38° 남쪽에서는 런던에서 보면 떠오르는 것이 없다. 이러한 위치에 따른 현상은 남반구에서 마찬가지다.

남반구에 있는 오스트레일리아 캔버라 35°S 위도에서 보면, -55° 남쪽의 모든 별들이 주극성이며, 따라서 +35° 북쪽의 모든 것은 영구히 지평선 아래에 놓여 있다.

비주극성 별자리들은 계절에 따라 크게 달라진다. 실질적으로는 이들을 관찰하기 어려운데, 태양의 이글거리는 광선이 별자리들을 즉시 감싸버리기 때문이다. 태양이 황도를 따라 이동하면, 전에 보이지 않던 별자리들이 아침 하늘에 출현하기 시작하며, 약 6개월 후 한밤중에 지평선 바로 위에서 최고 높이에 이른다. 이후 서서히 저녁 하늘로 가라앉으며, 계속해서 서쪽으로, 서쪽으로 이동하다 마침내 석양의 잔광과 태양의 섬광에 의해 다시 자취를 감추어 버린다.

이 책의 활용법

이 책에서 소개하는 남반구와 북반구의 +5등급까지 별자리들은 모두 밤하늘에서는 맨눈으로 볼 수 있다. 만약 밝은 별이 목록에 없다면, **5개의 밝은 행성, 즉 수성, 금성, 화성, 목성, 토성** 중 하나일 확률이 높다. 이들은 도시에서도 잘 보일 만큼 밝아지기도 한다.

'1부 별이 가득한 밤하늘'에서는 천구 전체의 별자리에 대해 10개의 광각 별자리 차트로 나타냈다. 총 88개 별자리를 기술했으며, 약식 표기도 덧붙였다. 각 차트는 이웃 차트와 살짝 중복되기도 하는데, 이는 좀더 쉽게 참고할 수 있도록 한 것이다. 별자리들을 더욱 쉽게 식별할 수 있도록 선을 그어 구분했다. 각 차트에서 유명한 별자리 몇몇은 더욱 강조하였고, 이들에 속한 밝은 별들도 함께 소개했다. 복성, 변광성, 흥미로운 태양계 밖 천체도 포함시켰다. 이들 중에는 맨눈으로 보이는 것도 있고 쌍안경이나 망원경이 필요한 것들도 있다. 경우에 따라서는 작은 별자리, 예컨대 헤르쿨레스자리의 주춧돌 '성군 keystone asterism'이라든지, 큰곰자리의 북두칠성 성군처럼 찾기 쉬운 패턴이 있는 경우 이들을 참조 별자리로 언급하였다. '성군'이라고 불리는 이들 패턴은 개별 별자리와 천체의 위치를 파악하는 데 매우 유용하다.

이 책에서는 하늘의 모든 것을 총망라하기보다 선별적으로 안내하고 있는데, 이는 진지한 별지기들이 누릴 기쁨을 극대화하는 데 중점을 두었기 때문이다. 이들이 마음에 드는 별을 발견하게 된다면, 이를 천문학적으로 깊이 있게 탐구할 수 있도

록 해주는 다양한 방법들도 발견할 수 있을 것이다. 실용성을 위해 남반구와 북반구의 주극성 별자리를 먼저 소개하고 이어서 계절별로 소개했다. 즉 1월 1일북반구 겨울, 남반구 여름, 4월 1일북반구 봄, 남반구 가을, 7월 1일북반구 여름, 남반구 봄, 10월 1일북반구 가을, 남반구 봄의 자정지역 시간으로에 남쪽 지평선 위로 하늘에 등장하는 별자리를 소개했다. 기준 지평선으로, 북반구에서는 런던52°N, 뉴욕39°N, 남반구에서는 웰링톤41°S, 켄버러35°S를 선택했다. 은하수 띠도 차트에 실었으며, 황도도 포함시켰는데 황도 주변으로는 달과 행성들이 항상 보인다.

다양한 출처에서 사진을 인용해 별자리마다 곁들였다. 이들 참고 사진 대부분은 밤하늘의 아름다움을 포착하는 데 헌신한 아마추어 천문학자들의 작품이다.

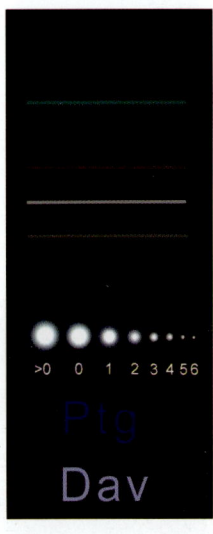

별자리 경계

주요(주인공) 별자리 경계

황도

성군 연결선

별자리 연결선

은하수

별의 등급

별자리 이름(축약어)

주요 별자리 이름(축약어)

산개성단(IC=색인 목록)

산개성단(M=메시에 목록)

구상성단(M=메시에 목록)

은하(NGC, 신 일반 목록)

행성상 성운

성운(M=메시에 목록)

유명한 밝은 별

선택 표기된 별(그리스 알파벳)

사진 기호로 예시한 가상의 별자리, 별, 태양계밖 천체

88개 국제천문연맹 지정 공식 별자리
색깔 식별자: 주황 = 북반구, 파랑 = 적도, 노랑 = 남반구, 굵은 글씨 = 주요 별자리

한국 이름 별자리 정식명칭	약칭	뜻	별자리 크기순위	가장밝은별(등급)
거문고 **Lyra**	**Lyr**	고대 서양 현악기	52	**Vega(0.0)**
게 **Cancer**	**Cnc**	게	31	**Beta Cancri(3.5)**
고래 **Cetus**	**Cet**	바다괴물(후에 고래로 해석됨)	4	**Diphda(Beta Ceti)(2.0)**
고물 Puppis	Pup	선미갑판	20	Zeta Puppis(Naos)(2.2)
공기펌프 Antlia	Ant	공기펌프	62	Alpha Antliae(4.3)
공작 Pavo	Pav	공작	44	Alpha Pavonis(1.9)
궁수 **Sagittarium**	**Sgr**	활잡이	15	**Epsilon Sagittarii(Kaus Australis)(1.8)**
그물 Reticulum	Ret	그물	82	Alpha Reticuli(3.3)
극락조 Apus	Aps	극락조	67	Alpha Apodis(3.8)
기린 Camelopardalis	Cam	기린	18	Beta Camelopardalis(4.0)
까마귀 **Corvus**	**Crv**	까마귀	70	**Gamma Coronae Borealis(Gienah)(2.6)**
나침반 Pyxis	Pyx	항해사의 나침반	65	Alpha Pyxidis(3.7)
날치 Volans	Vol	날치	76	Beta Volantis(3.8)
남십자 **Crux**	**Cru**	남쪽십자가	88	**Acrux(0.8)**
남쪽물고기 PiscisAustrinus	PsA	남쪽물고기	60	Fomalhaut(1.2)

49

남쪽삼각형 Triangulum Australe	TrA	남쪽삼각형	83	Atria(1.9)
남쪽왕관 CoronaAustralis	CrA	남쪽왕관	80	Alpha Coronae Australis(4.1)
도마뱀 Lacerta	Lac	도마뱀	68	Alpha Lacertae(3.8)
독수리 Aquila	Aql	독수리	22	Altair(0.8)
돌고래 Delphinus	Del	돌고래	69	Beta Delphini(Rotanev)(3.6)
돛 Vela	Vel	돛	32	Gamma Velorum(Suhail)(1.7)
두루미 Grus	Gru	두루미(학)	45	Alnair(1.7)
마차부 Auriga	Aur	마부	21	Capella(0.1)
망원경 Telescopium	Tel	망원경	57	Alpha Telescopii(3.5)
머리털 Coma Berenices	Com	베레니케의 머리카락	42	Beta Comae Berenices(4.2)
물고기 Pisces	Psc	물고기	14	Eta Piscium(Alpherg)(3.6)
물뱀 Hydrus	Hyi	작은 물뱀	61	Beta Hydri(2.8)
물병 Aquarius	Aqr	물병	10	Beta Aquarii(Sadalsuud)(2.9)
바다뱀 Hydra	Hya	히드라(신화 속 인물)	1	Alphard(2.0)
염소 Capricornus	Cap	바다염소	40	Algedi(2.7-2.8 variable)
방패 Scutum	Sct	소비에스키의 방패	84	Alpha Scuti(3.8)
백조 Cygnus	Cyg	백조	16	Deneb(1.2)
뱀 Serpens	Ser	뱀	23	Unukalhai(2.6)
뱀주인 Ophiuchus	Oph	뱀주인	11	Rasalhague(2.1)

봉황 Phoenix	Phe	봉황	37	Ankaa(2.4)
북쪽왕관 CoronaBorealis	CrB	북쪽왕관	73	Alphekka(2.2)
비둘기 Columba	Col	비둘기	54	Phact(2.7)
사냥개 CanesVenatici	CVn	사냥개	38	Cor Caroli(2.8-3.0 variable)
사자 Leo	Leo	사자	12	Regulus(1.4)
살쾡이 Lynx	Lyn	살쾡이	28	Alpha Lyncis(3.1)
삼각형 Triangulum	Tri	삼각형	78	Beta Trianguli(3.0)
시계 Horologium	Hor	궤종시계	58	Alpha Horologii(3.9)
쌍둥이 Gemini	Gem	쌍둥이(카스토르와 폴룩스)	30	Beta Geminorum(Pollux)(1.2)
안드로메다 Andromeda	And	안드로메다(신화 속 인물)	19	Alpheratz(2.1)
양 Aries	Ari	암양	39	Hamal(2.0)
양치기 Bootes	Boo	목동	13	Arcturus(-0.1)
에리다누스 Eridanus	Eri	에리다누스강	6	Achernar(0.5)
오리온 Orion	Ori	오리온	26	Beta Orionis(Rigel)(0.2)
외뿔소 Monoceros	Mon	유니콘	35	Beta Monocerotis(3.7)
용 Draco	Dra	용	8	Gamma Draconis(Etamin)(2.2)
용골 Carina	Car	선박의 용골	34	Canopus(-0.6)
육분의 Sextans	Sex	육분의	47	Alpha Sextantis(4.5)
이리 Lupus	Lup	이리	46	Alpha Lupi(2.3)

인디언 Indus	Ind	인디언(원주민)	49	Alpha Indi(3.1)
작은개 Canis Minor	CMi	작은 개	71	Procyon(0.4)
작은곰 Ursa Minor	**UMi**	**작은곰**	**56**	**Polaris(2.0)**
작은사자 Leo Minor	LMi	작은 사자	64	46 Leonis Minoris(3.8)
작은여우 Vulpecula	Vul	여우	55	Anser(4.4)
전갈 Scorpius	**Sco**	**전갈**	**33**	**Antares(0.9-1.2 variable)**
제단 Ara	Ara	제단	63	Beta Arae(2.8)
조각가 Sculptor	**Scl**	**조각가**	**36**	**Alpha Sculptoris(4.3)**
조각칼 Caelum	Cae	끌	81	Alpha Caeli(4.4)
조랑말 Equuleus	Equ	조랑말	87	Kitalpha(3.9)
직각자 Norma	Nor	목수의 수준기	74	Gamma 2 Normae(4.0)
처녀 Virgo	**Vir**	**처녀**	**2**	**Spica(1.0)**
천칭 Libra	**Lib**	**저울**	**29**	**Beta Librae(Zubeneshamali)(2.6)**
카멜레온 Chamaeleon	Cha	카멜레온	79	Alpha Chamaeleontis(4.1)
카시오페이아 Cassiopeia	**Cas**	**카시오페이아**	**25**	**Shedir(2.2)**
컴파스 Circinus	Cir	콤파스	85	Alpha Circini(3.2)
컵 Crater	Crt	컵	53	Delta Crateris(Labrum)(3.6)
케페우스 Cepheus	**Cep**	**케페우스**	**27**	**Alderamin(2.5)**
켄타우루스 Centaurus	Cen	켄타우르	9	Rigil Kentaurus(-0.3)

큰개 Canis Major	CMa	큰 개	43	Sirius(-1.4)
큰 곰 Ursa Major	UMa	큰 곰	3	Epsilon Ursae Majoris(Alioth)(1.8)
큰부리새 Tucana	Tuc	큰부리새	48	Alpha Tucanae(2.9)
테이블산 Mensa	Men	테이블산(남아프리카)	75	Alpha Mensae(5.1)
토끼 Lepus	Lep	토끼	51	Arneb(2.6)
파리 Musca	Mus	파리	77	Alpha Muscae(2.7)
팔분의 Octans	Oct	팔분의	50	Nu Octantis(3.7)
페가수스 Pegasus	Peg	페가수스	7	Epsilon Pegasi(Enif)(2.4)
페르세우스 Perseus	Per	페르세우스	24	Mirphak(1.8)
헤르쿨레스 Hercules	Her	헤르쿨레스	5	Beta Herculis(Kornephoros)(2.8)
현미경 Microscopium	Mic	현미경	66	Gamma Microscopii(4.7)
화가 Pictor	Pic	이젤	59	Alpha Pictoris(3.2)
화로 Fornax	For	화로	41	Alpha Fornacis(3.9)
화살 Sagitta	Sge	화살	86	Gamma Sagittae(3.5)
황새치 Dorado	Dor	금붕어	72	Alpha Doradus(3.3)
황소 Taurus	Tau	황소	17	Aldebaran(0.8-1.0 variable)

1부: 별이 가득한 밤하늘

이 장에서는 연중 보이는 밝은 별과 별자리에 대해 알아볼 것이다. 굵은 띠처럼 넓게 펼쳐진 별자리도 있고, 이러한 별자리에 가려지는 아기자기한 별자리도 있다. 일단 밝은 별과 별자리의 이름과 위치를 파악하고 나면, 그보다 밝지 않은 천체를 찾을 때 지극성_{천구의 북극이나 남극을 지향하는 한 쌍의 별}으로 활용할 수 있다. 또한 태양계 밖의 우주 깊숙한 데 있는 밝은 별에 대해서도 선별된 별자리를 중심으로 살펴볼 것이다. 이밖에도 하늘 저편에는 천문학을 한층 깊이 탐구하고자 하는 호기심 가득한 별지기들의 눈망울을 기다리고 있는 별들이 아직도 가득하다.

하늘 한가운데를 차지한 오리온자리와 황소자리. 『우라노그라피아』에서 발췌한 황소자리 상세도.

북반구의 별

이 장에서는 북반구의 주요 별자리와 별, 북쪽 천구를 장식하는 천체들을 살펴볼 것이다. 먼저 북극 주위의 별자리들을 살펴보고 이어서 계절에 따른 별자리들을 살펴볼 것이다. 대다수의 북쪽 별자리들은 고대 그리스인에게나 오늘날 별지기들에나 마찬가지로 꽤나 낯익다.

북반구 주극성 별자리

북반구의 온대기후지역에서는 연중 지평선 위에 머무는 제법 크고 식별하기도 쉬운 여러 별자리들을 관찰할 수 있다. 이들은 북반구 천극을 중심으로 반시계방향으로 돌고 있다.

작은곰자리의 꼬리 끝별 북극성은 천구 북극에서 딱 1° 떨어져 있어 찾기 쉽다. 큰곰자리의 메라크Merak, 큰곰자리의 β별와 두베Dubhe, 큰곰자리 α별를 이은 선을 따라가는 방법으로도 쉽게 찾아낼 수 있는데, 이 때문에 두 별은 북극성을 찾는 지표지극성, Pointers로 알려져 있다. 이들은 국자 모양 또는 깊은 냄비 모양으로 알려진 유명한 북두칠성을 이루는 별이기도 하다. 하늘에서 가장 찾기 쉬운 별자리인 북두칠성은 큰곰자리의 뒷다리와 궁둥이, 꼬리 부분을 차지하고 있다. 북두칠성은 가을날 자정 북쪽 지평선에 스칠 듯이 가장 낮게 뜨며, 봄에 가장 높이 뜬다. 천구 북극을 중심으로 이 맞은편에는 W 모양의 카시오

뉴욕에서 본 주극성 한계

런던에서 본 주극성 한계

정북 광각 시야의 북쪽 주극성 하늘(오른쪽이 동쪽, 왼쪽은 서쪽). 바깥 원은 런던에서 볼 경우 주극성 영역, 안쪽 원은 뉴욕에서 본 주극성 영역이며, 황도도 함께 나타냄(이들은 주극성은 아님). 이 차트는 11월 1일(오전 4시), 12월 1일(오전 2시), 1월 1일(자정), 2월 1일(오후 10시), 3월 1일(오후 8시)과 관련 있음.

작은곰자리

페이아자리가 있다. 북쪽 하늘에서 북두칠성과 카시오페이아는 일 년 내내 돌아가며 계속 오르락내리락한다.

북두칠성과 카시오페이아 사이, 별들이 드문드문 있는 영역에는 꽤나 크지만 윤곽이 희미한 기린자리가 있다. 역시나 크기는 크지만 밝기는 희미한 살쾡이자리가 기린자리와 큰곰자리의 경계에 걸쳐져 있다. 케페우스자리의 하우스 성군House asterism은 카시오페이아와 북극 사이에 있어 쉽게 찾아볼 수 있다. 케페우스자리와 큰곰자리의 꼬리 사이에 있는 용자리는 작은곰자리의 가장자리를 둘러서 펼쳐져 있으며, 차지하는 면적은 1천 제곱각square degree이 넘는다. 용자리는 크직하지만 밝은 별은 고작 한두 개밖에 없으며, 이 별도 2등급과 3등급 사이의 밝기를 유지하고 있다.

이와 대조적으로, 천구 북극 맞은편 카시오페이아자리와 마차부자리 사이에 아름다운 페르세우스자리가 안정감 있게 자리를 차지하고 있다. 북부 온대 지역에서 바라본 주극성지구 표면의 어떤 지점에서 볼 때, 천구의 극 둘레를 돌면서 지평선 아래로 내려가지 않는 별 하늘의 대부분을 차지하고 있는 별자리가 바로 페르세우스이며, 밝은 별들을 많이 가지고 있다. 이들이 은하수를 가로질러 흩뿌려지면서 장관을 이루는데, 이는 쌍안경으로도 감상할 수 있는 아름다운 밤하늘의 모습이다.

 ## UMI/URSAE MINORIS
1월 초순 자정에 남중

'작은 국자'라고도 불리는 작은곰자리는 아담하지만 천구 북극성을 포함하고 있는 매우 중요한 별자리다. 즉 작은곰자리의 가장 빛나는 별인 북극성Polaris은 북극에서 겨우 1° 떨어져 있다. 지축의 매우 더딘 운동인 세차운동precession, 즉 춘분점이 황도를 따라 1년에 50.3"씩 서쪽으로 이동하여 2만 5800년 주기를 갖는 현상에 따라, 21세기 말 즈음 북극성은 극에 가장 가까이, 약 0.5° 내에 놓이게 될 것이다.

북극성은 관찰 시간이 짧은 천체를 관찰하기 위해 적도의equatorial telescope를 조율할 때 유용하다. 적도의를 북극성에 맞추어 조율하면, 중배율의 접안렌즈 시야에 천체를 장시간 잡아둘 수 있어 세부 조율에 필요한 시간을 확보할 수 있다. 망원경으로 북극성을 관찰하면 북극성 자체가 8등급의 별을 동반하는 이중성임을 알 수 있다.

작은곰자리의 끄트머리에 있는 작은곰 베타별 코차브β UMi, Kochab와 작은곰 감마별인 페르카드γ UMi, Pherkad는 '북극의 수호자'라고 불린다. 페르카드와 가까운 곳에서달 직경의 반절 정도 희미한 별이 맨눈에 보이기도 하는데, 이는 작은곰자리와 상관없는 전경에 있는 별이다.

북극성 가까이에 7, 8등급 별들이 그리는 조그만 원을 쌍안경으로 감상할 수 있다. 북극성이 외알박이 보석처럼 빛나고 있어 약혼반지라는 별명이 있다.

케페우스자리

CEP/CEPHEI
2월 하순 자정에 남중

케페우스자리에는 제법 밝은 별들이 여럿 있다. 그중 가장 멋진 별은 케페우스 베타별이다. 케페우스 베타는 3.2등급과 7.9등급 별로 이루어진 이중성이며, 이는 작은 망원경으로 분해되는 밝기다. 케페우스 베타는 청색 거성 변광성으로, 밝기 변동의 폭은 원 등급의 10분의 1 정도이며 주기는 고작 서너 시간이다. 케페우스 델타 또한 변광성이자 이중성이며, 5일 9시간을 주기로 밝기 등급 3.5에서 4.4 사이의 변동 폭을 보이는 황색 초거성이다. 케페우스 델타는 세페이드 변광성의 원형이기도 하다. 케페우스 델타의 동반별로는 밝기 6.3등급의 청색 별이 있는데, 소형 망원경으로 이 두 별을 구분할 수 있다.

적색 초거성인 케페우스 뮤μ Cep는 독특한 색깔 덕분에 석류석별Garnet Star이라는 별명으로 통한다. 쌍안경으로도 이 별의 자줏빛을 확실하게 볼 수 있다. 이 별 또한 변광성으로 2시간 내지 2시간 반을 주기로 밝기가 3.4에서 5.1등급으로 변한다. 케페우스 뮤는 맨눈으로 볼 수 있는 가장 큰 별 중 하나이다. 만약 케페우스 뮤를 우리 태양 위치에 놓는다면, 이의 어마어마하게 부푼 허리가 거의 토성 궤도에 닿을 것이다.

케페우스 크시ξ Cep는 밝기 등급 4.4의 청색 별과 6.5의 주홍 거성으로 이루

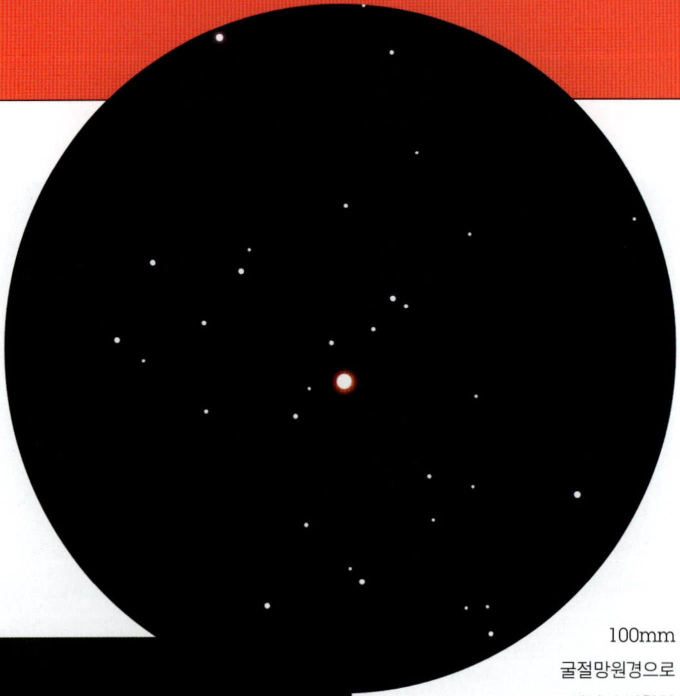

100mm 굴절망원경으로 저자가 관찰한 케페우스 석류석별.

케페우스 델타 이중성.

어진 이중성으로, 소형 망원경으로 어렵지 않게 관찰할 수 있다.

케페우스 타우 *T Cep*는 적색의 미라형 변광성 Mira-type variable이며, 주기가 1년이 넘는다. 이의 최고 밝기인 5.2등급에서 갑자기 맨눈으로도 보이게 되는데, 이 밝기부터 맨눈으로 관찰되기 때문이다. 은하수는 길게 뻗어 케페우스자리의 남쪽 부분까지 치고 들어가 있다. 그 근방에서 아름답게 빛나는 산개성단 IC 1396과 NGC 7160를 볼 수 있다. 이들은 150mm 망원경으로 충분히 감상할 수 있다. IC 1396은 규모가 있는 성운 조각 안에 있으며, 오른쪽 사진에서 보듯 깜깜한 먼지가 마치 물결처럼 굽이치는 도드라진 모양 때문에 '코끼리 상아 성운 elephant's trunk nebula'이라 불리기도 한다. 대형 쌍안경으로 보면 IC 1396이 운무 조각처럼 보이기 쉽다. NGC 7160은 작지만 꽤나 촘촘한 성단이다. 200mm 망원경으로 이 성단의 30개 정도 되는 별들을 관찰할 수 있다. 그중 6개 정도는 나머지 별들보다 밝아서 찾아보기 쉽다.

케페우스자리의 코끼리 상아 성운.
80mm 굴절 망원경 + 냉각 CCD 카메라로
촬영(필터 사용)한 이미지.

큰곰자리

 UMA/URSAE MAJORIS
3월 초순 자정에 남중

북두칠성 혹은 '큰 국자'라고 불리는 성군은 큰곰자리에서 가장 밝은 일곱 개의 별로 구성된 별자리다. 큰곰자리를 보고 진짜 큰곰과 닮은 모양을 발견하기는 어렵지만, 밝지 않은 나머지 별들이 이루는 윤곽을 느긋이 따라가 보면, 어떤 사람이라도 형태에 대한 고대인들의 세련된 안목을 인정하게 될 것이다.

북두칠성의 앞 두 별인 큰곰 알파 α UMα와 큰곰 베타 β UMα는 지극성으로 알려져 있는데, 이 두 개의 별을 이은 가상의 연장선이 북극성과 천구 북극까지 닿기 때문이다. 큰곰 제타 ζ UMα, 미자르는 큰 국자의 손잡이 부분의 두 번째 별이며, 자기보다 약간 희미하지만 맨눈으로도 볼 수 있는 4등급 별 80 UMα 알코르를 짝으로 갖고 있다. 큰곰 제타도 이중성으로, 각각의 별 밝기는 2.2등급, 3.8등

큰곰자리의 북두칠성

큰곰자리의 제타
미자르 복성

큰곰자리의 행성상 성운 M97, 127mm 굴절 망원경+냉각 CCD 카메라로 촬영.

급이다. 가까이 붙어 있는 이 이중성들은 소형 망원경으로 관찰할 수 있다.

큰곰자리의 먼 북쪽에는 쌍안경으로도 충분히 볼 수 있는 빛나는 은하 쌍 pair of galaxies M81 Bode's Galaxy, 보데 은하와 M82 Cigar Galaxy, 시가 은하가 있다. 이들은 0.5° 떨어져 있지만, 저배율 망원경으로 한눈에 관찰할 수 있다. M82가 우리와 거의 수직으로 있는 반면, M81는 1° 미만으로 기울어져 있다. 약 100만 광년 떨어진 이 두 은하는 서로 상호작용을 한다.

큰곰자리의 남쪽에는 정면에서 본 나선은하인 M101이 있다. 이 은하는 쌍안경으로 관찰되며, 마치 둥글게 번진 얼룩으로 보인다. 200mm 망원경으로 보면 얼룩덜룩한 모습이 보인다.

M97 Owl Nebula, 올빼미 성운은 희미한 행성상 성운으로, 150mm 망원경으로 보면 목성 지름의 약 두 배 크기의 흐릿한 원반으로 보인다. M97의 올빼미의 눈 같은 두 별은 포착하기 까다롭기 때문에 이를 촬영하기 위해서는 적어도 250mm 이상의 망원경이 필요하다.

M109 은하는 큰곰 감마γ UMα의 동쪽으로 0.5° 떨어져 위치해 있기 때문에 어려움 없이 확인할 수 있다. 하지만 M109 은하 표면이 그리 밝지 않으므로 자세히 관찰하기는 쉽지 않다. 200mm 망원경으로 관찰할 경우, 중심의 북쪽 방향에 이 은하의 밝은 황도 중심이 앞의 별과 중첩되어 드러난다. 하지만 나선팔 보통 나선은하의 양쪽 끝부분에 위치하고 있는 것으로, 중앙 팽대부를 휘감아 돌고 있는 팔모양의 부분을 말하며 은하의 대부분을 차지하고 있다의 내부까지 자세히 관찰하기 위해서는 분해능이 더 우수한 장비가 필요하다.

큰곰자리의 M101 은하,
127mm 굴절 망원경+냉각
CCD 카메라로 촬영.

용자리

ʒ DRA/DRACONIS
7월 초순 자정에 남중

용자리는 북쪽 하늘의 주극성 한계 영역에 폭넓게 펼쳐져 있지만 가장 두드러진 별자리는 아니다. 용자리의 전통적 형태를 더듬어 보면, 먼저 헤르쿨레스자리의 바로 북쪽에 있는 용 베타 β Dra와 용 감마 γ Dra에서 시작하여, 이 별자리의 가장 좁은 부분에 있는 용 알파 α Dra, Thuban, 투반까지 구불구불하게 따라 가다가 용자리 서쪽 경계 근처의 용 람다 λ Dra까지 가면 된다. 피라미드가 건설되던 시기에는 밝기 3.7등급의 용 알파가 천구 북극 인근의 별들 중 가장 밝은 별이었다. 물론 2만 1천 년 후에는 세차운동에 따라서 다시 가장 밝은 별의 영광을 되찾게 될 것이다.

용 뮤 μ Dra는 망원경으로 관찰되는 이중성이다. 4.9등급과 5.6등급의 백색 별이 서로 가까이 붙어 있지만, 서서히 서로 멀어지고 있는 중이다. 그에 따라 요즘은 100mm 망원경으로 이들을 선명하게 구분할 수 있으며, 60mm 망원경으로도 무난히 관찰할 수 있다. 용 사이 ψ Dra는 훨씬 쉽게 확인되는데, 쌍안경으로 각각 4.6, 5.8등급의 황색 별 단짝을 구분해서 관찰할 수 있다. 한편, 멀리 떨어져 있는 이등성 용 39 Dra, 밝기 5등급과 7.4등급도 쌍안경으로 구분할 수 있으며, 망원경으로 관찰할 경우 7.4등급 별에 딸린 8등급 별을 볼 수 있다.

NGC 6543 the cat's eye nebula, 고양이 눈 성운은 작지만 밝은 행성상 성운으로, 독특한 푸른색을 띠고 있다. 150mm 망원경으로 보면 이 성운이 11등성의 밝은 중심별을 둘러싸고 있는 조그만 고리처럼 보일 것이다.

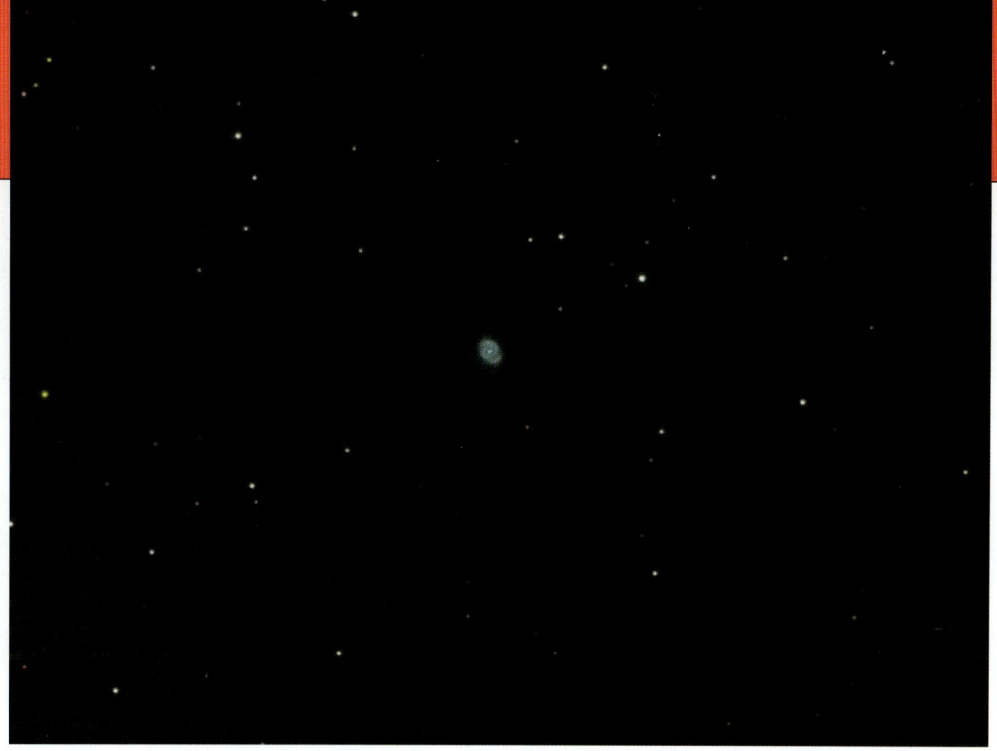

용자리의 고양이 눈 성운(NGC 6543), 105mm 굴절 망원경+냉각 CCD 카메라로 촬영.

카시오페이아자리

CAS / CASSIOPEIAE
10월 초순 자정에 남중

유난히 빛나는 5개의 별이 그리는 유명한 W 모양의 카시오페이아자리는 하늘에서 가장 알아보기 쉬운 별자리 중 하나이다. W의 한가운데 있는 별인 카시오페이아 감마γ Cas는 변동 주기가 불규칙한 변광성으로, 3등급에서 1.6등급까지 밝기가 변한다. 카시오페이아 에타η Cas는 3.5등급의 황색 주성과 7.5등급의 적색 부성으로 구성된 이중성으로 소형 망원경으로 쉽게 볼 수 있다.

쌍안경으로 느긋이 카시오페이아자리를 관찰하는 일은 즐겁다. 은하수의 밝은 부분이 W 모양을 가로지르며 사실상 완전히 에워싸며 흐르고 있기 때문이다. 카시오페이아자리의 경계 안쪽으로, 즉 W 모양의 동쪽에 무수한 산개성단이 찬란한 보석 꾸러미처럼 놓여 있다. 고배율로 관찰하면 30여 개의 별들이 촘촘히 모여 있는 눈부신 성단인 M103도 잘 보인다. NGC 457Owl Cluster, 부엉이 성단은 100여 개의 꽤 밝은 별들이 성기게 뭉친 것으로 뚜렷한 선을 그리며 배열되어 있다. 이 성단의 가장 밝은 두 별은 마치 부엉이 눈처럼 반짝인다. NGC 663은 약 80개의 별을 담고 있으며 쌍안경으로 관찰되는 아름다운 성단이다. 카시오페이아자리의 서쪽 멀리 떨어져 있는 성단 M52전갈자리 성단는 100여 개의 별들이 촘촘하게 모여 S자 모양을 그리며 눈부신 장관을 이룬다. NGC 7635Bubble Nebula, 거품 성운은 200mm의 망원경으로 관찰되는 희미하게 빛나는 산광 성운diffuse nebula, 은하의 성운 가운데 암흑 성운과 행성상 성운을 제외한 나머지. 내부 또는 부근의 고온의 별이 방출하는 복사 에너지를 받아 빛을 내는 가스 성운이다. M52의 남서쪽으로 0.5° 정도 기울어져 있어 저배율의 망원경으로도 두 천체를 한눈에 볼 수 있다.

카시오페이아자리 동쪽에 있는 주극성 별자리 기린자리에서 볼 수 있는 환상적인 별들의 정렬 모습. 켐블의 폭포(Kemble's Cascade)로 알려짐.

카시오페이아자리의 거품 성운 NGC 7635, 80mm 굴절 망원경 + 냉각 CCD 카메라 (필터 사용)로 촬영.

페르세우스자리

 PER/PERSEI
11월 중순 자정에 남중

은하수는 페르세우스자리의 북쪽을 가로지르고 있다. 페르세우스자리는 수많은 밝은 별들과 산개성단을 가진 장엄한 별자리다. 페르세우스 알파^{α Per}, Mirfak, 미르파크 가까이에는 멜로테 20^{Melotte 20}이 있다. 뱀처럼 길게 늘어선 밝은 별들이 듬성듬성 모여 있는 대규모의 이 성단은 저배율의 쌍안경으로 관찰해도 눈부시게 아름답다.

페르세우스 베타^{β Per}, 알골은 식쌍성^{eclipsing binary star}, 쌍성의 식 현상에 의해서 주기적으로 겉보기 광도가 변하는 별로 유명하다. 2.87일마다 밝기 등급이 2.1에서 3.4로 떨어지는데, 이러한 변동은 맨눈으로도 금방 관찰할 수 있다. 페르세우스 베타 서쪽으로 5° 떨어져 있는 나선형 성단 M34 또한 맨눈으로 알아볼 수 있다. 수많은 별들이 사슬처럼 이어져 있으며, 아주 밝은 별들끼리 짝을 지어 늘어선 부분도 있다.

페르세우스 에타^{η Per}는 멋진 색상을 자랑하는 이중성으로 소형 망원경으로도 어렵지 않게 찾을 수 있다. 주황색 주별의 밝기는 3.8등급, 청색 부별은 8.5등급이다.

페르세우스자리의 북서쪽 구석 끝자락에 자리한 이중 성단인 NGC 869와 NGC 884는 하늘에서 볼 수 있는 숨막히게 아름다운 볼거리 중 하나다. 각각 보름달 지름 크기의 두 개의 빛나는 산개성단이 나란히 자리하고 있으며, 맨눈으로 보면 어른거리는 운무 조각으로 보일 것이다. 하지만 저배율 망원경으로 관찰하면 두 성단을 가득 채우고 있는 수백 개의 별들이 보인다. NGC 884 근처에서 여러 적색 별들을 포착할 수 있는데, 청색 별들이 주를 이루는 성단과 훌륭한 대비를 이루고 있다.

밝기 등급 10의 M76^{Little Dumbbell Nebula, 작은 아령 성운}은 메시에 천체 목록 중 가장 희미한 천체이다. 작은 사과의 씨앗 주머니를 닮은 이 희미한 행성상 성운은 150mm 망원경으로 볼 수 있으며, 페르세우스 파이^{π Per}의 북쪽으로 1° 이내에 위치한다.

페르세우스자리의 행성상 성운 M76, 160mm 굴절 망원경 + 냉각 CCD 카메라(필터 사용)로 촬영.

북반구의 겨울 별(1월 1일, 자정)

북반구의 겨울 밤하늘에는 황홀한 뭇별들과 눈부신 태양계 밖 천체들이 보석처럼 흩뿌려져 있다. 기막히게 멋진 성단들이 여기저기 박혀 있는 은하수가 천정 근처에서 시작해 남쪽 지평선까지 흐르고, 황도를 따라서는 동쪽의 처녀자리에서 사자자리, 게자리, 쌍둥이자리를 거쳐 황소자리, 양자리, 서쪽의 물고기자리에 이르기까지 황도 별자리들이 하늘에 드리워져 있다.

남쪽 지평선 위로 높이 솟은 오리온자리는 한눈에 알아볼 수 있다. 밝게 빛나는 주황색 별 베텔게우스Betelgeuse, 오리온자리 α와 황홀한 리겔Rigel, 오리온자리 β, 그리고 한 줄로 서서 오리온자리의 벨트Orion's Belt를 담당하는 밝은 세 별 Alnitak[ζ Ori], Alnilam[ε Ori], Mintaka[δ Ori]이 있고, 그 아래로 칼자루를 쥐고 있는 오리온자리의 손 부위에 발갛게 가물거리는 조각이 보이는데, 이것이 바로 태양계 밖 천체 가운데 가장 멋진 천체로 꼽히는 오리온성운이다.

오리온자리의 세 별은 다른 별들과 별자리를 찾는 데 유용한 표시로 활용된다. 오리온벨트를 따라 내려오면 왼쪽에는 큰개자리와 밤하늘에서 가장 밝은 별 시리우스가 있다. 북반구의 중위도에서 상대적으로 낮은 데 위치한 까닭에 지구의 대기 영향으로 시리우스는 종종 깜박거리는 것처럼 보이는데, 이 때문에 별빛의 섬광을 다채색으로 선보인다.

오리온자리의 세 별을 잇는 연장선의 오른편으로 황소자리의 밝은 주황색 별 알데바란Aldebaran이 보인다. 알데바란이 속한 V자 모양의 황소자리는 고

뉴욕 기준 지평선[41°N]

런던 기준 지평선[52°N]

지평선에서 천정까지 정남향 북쪽 겨울 하늘(따라서 왼쪽이 동쪽, 오른쪽이 서쪽). 런던과 뉴욕 기준의 두 지평선과 황도를 표기함. 이 차트는 11월 1일(오전 4시), 12월 1일(오전 2시), 1월 1일(자정), 2월 1일(오후 10시), 3월 1일(오후 8시)의 별자리들과 관련있음.

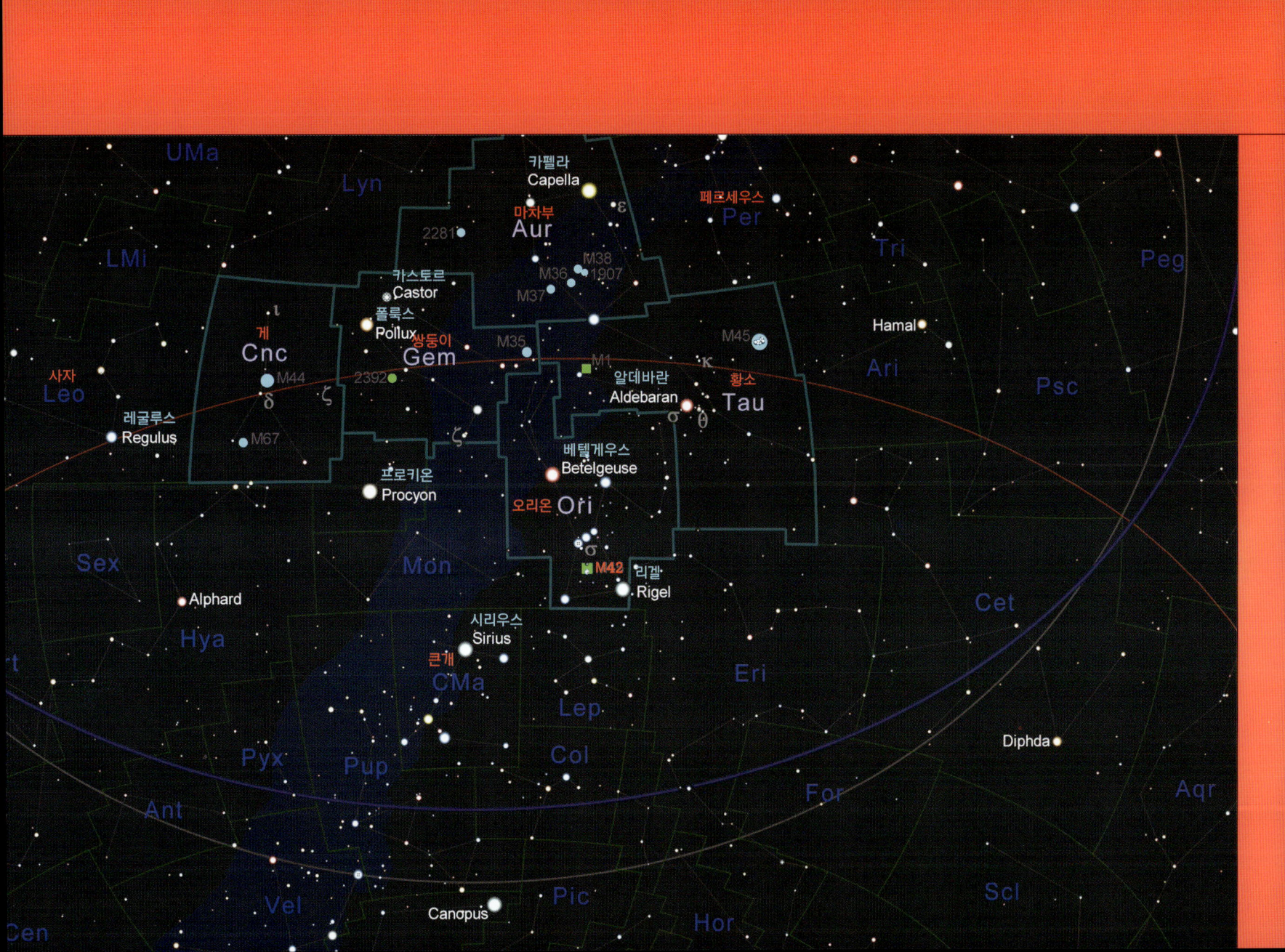

대 별자리 차트에서 '황소의 뿔 자리'를 대표했으며 '히아데스Hyades'라고 불렸다. 연장선의 서쪽으로는 밝은 별들이 밀집한 산개성단인 M45Pleiades cluster, 플레이아데스 성단이 있다.

오리온자리 바로 위에는 마차부자리가 있으며, 마차부자리의 일등성 카펠라가 거의 수직으로 솟아 있다. 은하수를 가로질러 걸쳐 있는 마차부자리에는 수많은 산개성단이 아름답게 빛나고 있다. 은하수 띠를 따라 마차부자리의 이웃인 페르세우스자리가 있다. 페르세우스자리의 서쪽으로 우리가 속한 국부은하군에 속하는 두 개의 거대 은하 M33Pinwheel galaxy, 바람개비은하와 M31Andromeda Galaxy, 안드로메다 나선은하가 놓여 있다. 이 성단의 규모는 우리 은하와 맞먹으며, 아주 깜깜한 밤에는 맨눈에도 언뜻 관찰할 수 있다.

남쪽으로 가면 천상의 쌍둥이자리, 카스토르Castor, 쌍둥이자리 α와 폴룩스Pollux, 쌍둥이자리 β가 높이 떠 있다. 쌍둥이자리에 속해 있는 이들은 은하수에 깊이 발을 담그고 있다. 작은개자리와 이 별자리의 일등성 프로키온Procyon이 쌍둥이자리의 뒤꿈치를 따르고 있다. 한편 동쪽 하늘에는 그 유명한 '사자의 큰 낫'Sickle asterism, 사자의 머리 부분에 해당하는 일곱 개의 별을 이으면 레굴루스를 아래 점으로 한 뒤집힌 물음표 같은 형태가 된다. 이 부분을 '사자의 큰 낫'이라고 하며, 영어로 'The Sickle'이라고 하면 사자자리를 뜻하는 말이 된다과 밝은 별 레굴루스Regulus를 앞세우며 사자자리가 들어선다. 그 뒤를 이어 처녀자리가 떠오르며, 좀더 희미한 게자리가 있다. 게자리에는 대규모 산개성단인 M44Beehive cluster, 벌집성단 혹은 프리세페 성단가 속해 있다. 레굴루스와 폴룩스 사이에 있는 이 성단은 맨눈으로 어렵지 않게 가려낼 수 있다.

북쪽 지평선 쪽을 바라보면, 낯익은 주극성들이 천극을 중심으로 어느새 또 사분기를 돌았음이 보인다. 큰곰자리는 꼬리를 짚고 한껏 일어선 자세를 취하고 있으며, 카시오페이아자리는 서쪽으로 가라앉기 시작한다.

황소자리

 TAU/TAURI
12월 초순 자정에 남중

황도 12궁 가운데 가장 쉽게 식별되는 이 커다란 별자리는 황소의 붉은 눈을 가리키는 황소 알파^α Tau, 알데바란에 움푹 감싸여 오리온자리의 북서쪽 하늘을 장악하고 있다. 알데바란은 V자 모양의 산개성단 히아데스 성단을 배경으로 자리 잡고 있다. 히아데스 성단은 맨눈에도 열 개가 넘는 별들을 관찰할 수 있다. 그 가운데 반짝반짝 빛나는 이중성 황소 세타^θ Tau와 황소 카파^κ Tau는 예리한 별지기의 경우 맨눈으로 구분할 수 있다. 하지만 황소 시그마^σ Tau를 구분하기 위해서는 광학장비가 필요하다.

황소자리의 북서쪽으로, M45$^{플레이아데스\ 성단}$ 소속의 찬란한 한 무리의 별들은 맨눈으로도 쉽게 볼 수 있다. 망원경으로 보면 수십 개의 젊은 푸른 별들이 관찰되며, M45 근처의 황소 23$^{23\ Tau,\ Merope,\ 메로페}$에서 반사 성운의 흔적이 보이기도 한다.

황소 제타^ζ Tau의 북쪽으로 1° 올라가면, M1이 희미하게 빛나고 있다. M1은 초신성 잔해인 게 성운으로, 이 성운을 확실히 보려면 80mm 망원경이 필요하다. 그런데 대형 장비로 관찰해도 게 성운은 특색 없는 타원형의 회색 조각으로 보일 뿐이다.

플레이아데스 성단 M45를 에워싸고 있는 성긴 성무. 105mm 굴절 망원경 + 냉각 CCD 카메라로 촬영.

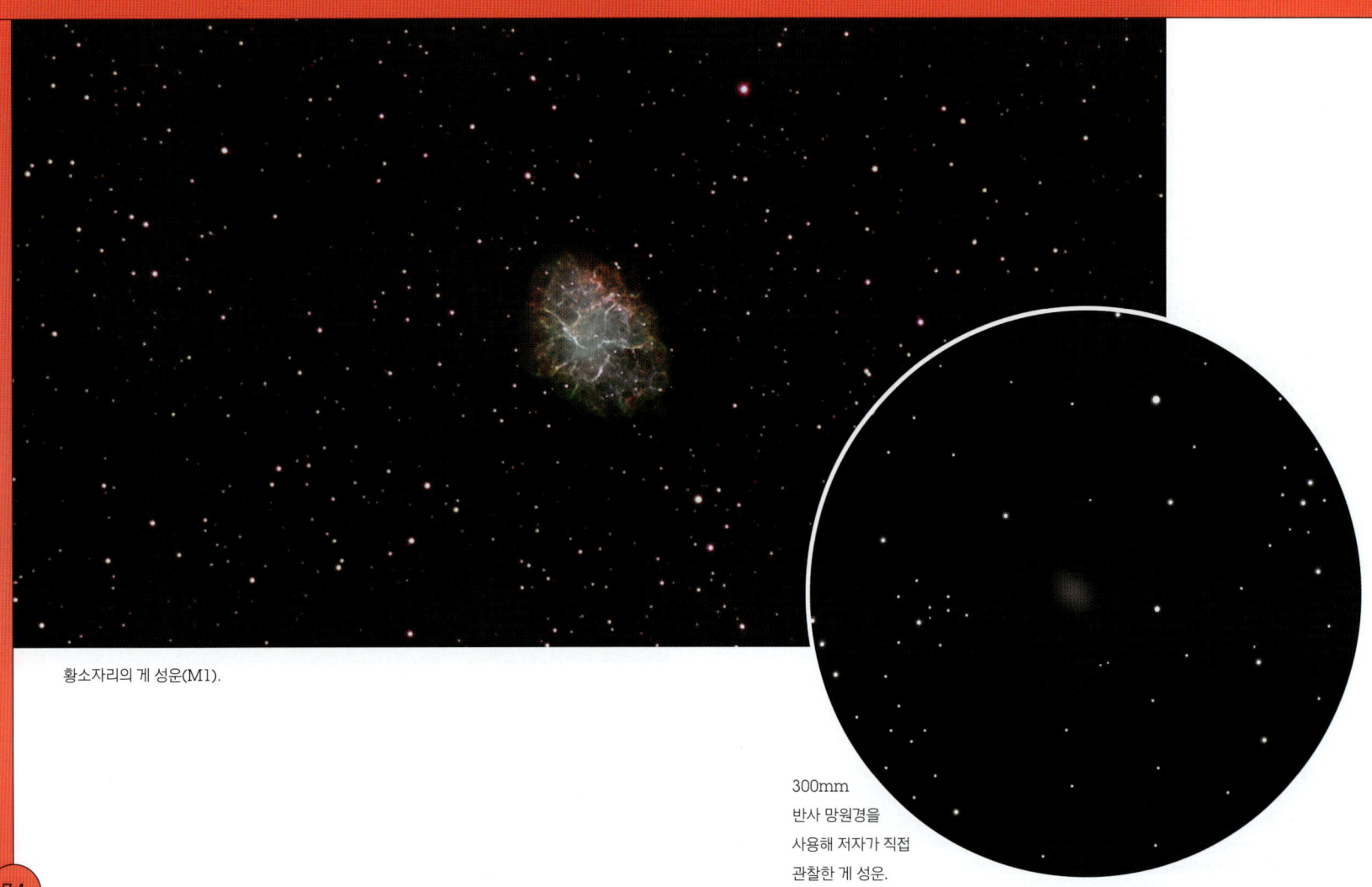

황소자리의 게 성운(M1).

300mm
반사 망원경을
사용해 저자가 직접
관찰한 게 성운.

오리온자리

ORI / ORIONIS
12월 중순 자정에 남중

가장 장엄한 별자리 중 하나인 오리온자리는 북쪽으로 적색 별 오리온 알파$^{\alpha\,Ori}$, 베텔게우스, 남쪽으로 청색 별 오리온 베타$^{\beta\,Ori,\,리겔}$, 그리고 그 가운데 오리온 벨트를 장식하는 찬란한 세 개의 별로 구성되어 있다. 오리온자리는 천구 적도에 걸쳐 있어 남반구와 북반구의 별지기 모두에게 잘 관찰된다.

오리온 시그마$^{\sigma\,Ori}$는 사랑스러운 복성이다. 3.8등급의 주성을 중심으로, 가까이에 6등성의 이중성이 있으며, 좀더 멀리 8등성의 삼중성이 있다. 고배율의 시야에서는 이 별들이 모두 찬란하게 빛나고 있다. 오리온 벨트의 가까운 남쪽에 예리한 별지기의 맨눈으로 식별되는 운무 조각이 있다. 이것이 바로 하늘에서 가장 크고 밝은 성운 중 하나인 오리온성운^{M42}이다. 쌍안경만으로 성운 내부의 구조를 자세히 볼 수 있으며, 소형 망원경으로는 이글거리는 초록 물질들과 가느다란 가닥들, 여기에 꼽힌 듯 자리한 검은 띠의 돌출 모습을 볼 수 있다. 이밖에도 성운 내부와 주변으로 여러 별들이 관찰되며, 밝은 4중성인 오리온 세타$^{\theta\,Ori,\,Trapezium\,Cluster,\,사다리꼴\,성단}$가 도드라지게 보인다. 큰 망원경으로 관찰하면 성운 내부의 아름다운 모습을 자세히 볼 수 있다. 성운의 북쪽으로는 약간 덜 밝은 M43$^{De\,Mairan's\,Nebula,\,드모이란\,성운}$이 있으며, 이 성운의 중심에 밝은 별 하나가 있다.

아름다운 오리온자리의 말머리 성운. 대형 망원경으로 봐도 관찰하기 까다롭다. 이 사진은 127mm 굴절 망원경+냉각 CCD 카메라(필터 사용)로 촬영한 이미지.

마차부자리

AUR/AURIGAE
12월 중순 자정에 남중

넓고 밝게 빛나는 마차부자리는 겨울 밤하늘에 높이 떠 있다. 마차부 알파 α Aur, 카펠라가 찬란하게 빛나고 있으며 그 남서쪽에는 조그만 삼각형 모양의 작은 성군이 놓여 있다. 마차부자리의 꼭대기 별 마차부 엡실론 ε Aur은 3등급의 백색 초거성이며, 27년마다 숨은 동반별에 의해 식 현상을 겪는다. 따라서 식년에는 밝기가 3.8등급 감소한다. 다음 식은 약 2037년에 일어날 예정이다.

마차부자리의 빛나는 세 개의 성단 M36, M37, M38은 쌍안경으로 쉽게 볼 수 있으며, 마차부자리의 남쪽 부분에서 마치 운무 조각처럼 관찰된다. 그중 M37이 가장 크고 밝다. 이의 한가운데 주황색의 9등성이 놓여 있고, 이 주위를 덜 밝은 150여 개 별들이 에워싸고 있다. 이들은 150mm 망원경으로 분해되며, 중심의 성운 상태도 관찰된다. M38은 10등성 이하의 100여 개 별들로 구성된 성단이며, 가장 밝은 별은 십자가 형상으로 황홀하게 빛나고 있다. 망원경으로 관찰하면, M38의 0.5도 남쪽으로 훨씬 더 작고 희미한 성단인 NGC 1907이 보일 것이다. 마차부자리 동쪽에 있는 NGC 2281 성단은 제법 밝은 대여섯 개 별들이 넓게 흩뿌려져 있고, 20개 이상의 덜 밝은 별들이 그 배경을 이루고 있다.

마차부자리의 성단 M36, 160mm 굴절 망원경 + 냉각 CCD 카메라(필터 사용)로 촬영한 이미지.

쌍둥이자리

GEM/GEMINORUM
1월 초순 자정에 남중

규모가 꽤 크고 쉽게 확인할 수 있는 쌍둥이자리는 마차부자리와 작은개자리 사이에 있는 밝고 정돈된 별자리다. 두 개의 주요 별, 쌍둥이 알파$^{\alpha\,Gem}$, 카스토르와 쌍둥이 베타$^{\beta\,Gem}$, 폴룩스는 금방 확인이 된다. 두 개의 별 중 폴룩스가 조금 더 밝으며 주황색을 띠고 있다. 카스토르는 유명한 복성으로, 1.9등급과 3등급의 대단히 밝은 두 개의 별로 구성되어 있으며 60mm 망원경으로 잘 관찰된다. 흥미롭게도 쌍둥이 에타$^{\eta\,Grm}$와 쌍둥이 제타$^{\zeta\,Gem}$ 모두 이중성이며, 이들의 주별도 변광성이다.

쌍둥이자리의 서쪽 먼 부분은 은하수 깊숙이 발을 뻗고 있다. 쌍둥이 에타의 2, 3° 북서쪽에 아름다운 산개성단 M35가 있다. 이 성단은 맨눈으로도 어렴풋이 볼 수 있으며 쌍안경으로도 잘 보인다. 보름달만 한 너비의 활짝 펼쳐진 이 성단은 80여 개의 별들이 들어 있고, 몇몇은 곡선의 사슬을 이루며 도드라져 보인다. 쌍둥이 델타$^{\delta\,Gem}$의 2, 3° 남동쪽에서 발견되는 NGC 2392 에스키모 성운은 아주 밝은 8등성 행성상 성운으로, 저배율로 관찰하면 초록 방울처럼 보인다. 행성상 성운치고는 꽤 규모가 커서 지름이 거의 목성의 겉보기 크기와 맞먹는다. 이 성운의 한가운데에는 밝은 별이 자리하고 있다.

쌍둥이자리의 일등성 카스토르.

쌍둥이자리에 있는 성단 M35, 160mm 굴절망원경 + 냉각 CCD 카메라(필터 사용)로 촬영한 이미지.

게자리

CNC/CANCRI
2월 초순 자정에 남중

게자리는 황도12궁 가운데 가장 희미한 별자리다. 희미하지만 밝은 쌍둥이자리의 알파와 베타별인 카스토르와 폴룩스의 남동쪽에 위치해 있어 별자리 위치를 확인하기는 어렵지 않다. 게자리의 3등성과 4등성 별들은 거꾸로 된 Y자 모양을 이루고 있어 밤하늘에서 쉽게 찾을 수 있다.

소형 망원경으로 게 제타ζ Cnc의 주요 별을 분리할 수 있다. 각각 밝기가 5.2등급과 5.89등급인 별 두 개가 널찍하게 떨어져 있다. 200mm 망원경으로 관찰할 경우, 둘 중 더 밝은 별 가까운 곳에 밝기가 6.2등급인 부성이 보일 것이다. 게 요타ι Cnc는 사랑스러운 색상의 이중성으로, 4등급의 황색 주성과 6.6등급의 부성으로 구성된다. 이들은 소형 망원경으로 쉽게 분해된다.
눈썰미가 좋다면 맨눈으로 게 델타δ Cnc의 북쪽에 있는 운무 조각을 가려낼 수 있다. 또한 게자리의 외곽을 담당하는 사각형 영역을 볼 수 있는데, 이 영역을 쌍안경으로 보면 벌집성단 M44임을 알 수 있다. 보름달 면적의 약 10배를 덮고 있는 규모 있는 별들의 집단이다. 극저배율로 관찰하면 성단 전체를 감상할 수 있는데, 약 80개의 별들을 볼 수 있다. 그 가운데 6등성인 게 엡실론ε Cnc이 가장 밝게 빛난다.

게 알파α Cnc의 서쪽으로 2° 못미처 M44보다 훨씬 작은 산개성단 M67 King Cobra, 킹 코브라 성단이 있다. M67은 주변에 거대 성단을 두고 있지만, 그 자체로 굵직한 성단으로 300개의 별들이 담겨 있다. 쌍안경으로 보면 보름달만 한 타원 모양의 얼룩으로 나타난다. 150mm 망원경으로 보면 성단의 희미한 별들이 분해되며 대부분 밝기가 11등성 이하의 별들이다.

게자리의 산개성단 M67, 105mm 굴절 + 냉각 CCD 카메라(필터 사용)로 촬영한 이미지.

북반구의 봄 별(4월 1일, 자정)

밤기온이 오르기 시작하는 봄은 별지기들이 간절히 기다리는 계절이기도 하다. 큰곰자리와 북두칠성은 하늘의 가장 높은 지점에 휘영청 솟아서 돌고 있고, 카시오페이아자리는 북쪽 지평선 위로 낮게 떠 있다. 빛 공해가 심한 도시 지역에서는 W 모양을 찾기 점점 어려워진다. 은하수 띠도 맨눈으로 보기 훨씬 더 어려워지는데, 서쪽의 은하수는 작은개자리에서 시작해 페르세우스자리를 지나고 북쪽의 카시오페이아자리를 거쳐 동쪽의 독수리자리까지 이어지며 아주 낮게 북쪽 지평선과 거의 나란히 걸쳐 있기 때문이다. 작은개자리의 일등성 프로키온은 서쪽 하늘에서 갈수록 낮게 뜨는데, 낮은 고도 때문에 깜박거리는 듯 보인다.

겨울에 거의 천정까지 높이 올랐던 마차부자리의 일등성 카펠라는 이제 서서히 북서쪽 지평선을 향해 가라앉고 있으며, 쌍둥이자리의 카스토르와 폴룩스가 그 뒤를 따르고 있다. 뒷발을 단단히 딛고 일어선 사자자리는 일등성 레굴루스를 앞세워 남서쪽 지평선 위를 서성이면서 희미한 게자리를 머뭇머뭇 바라본다. 남쪽 높이 희미한 머리털자리가 사자자리를 뒤쫓고 있다. 머리털자리는 희미한 별들이 폭넓게 모여 이룬 성단으로 유명하다. 희미한 빛 조각처럼 보이기 때문에 보통 사람들은 맨눈으로 분해할 수 없으며, 구름으로 착각하기도 한다.

머리털자리와 처녀자리 남쪽으로, 하늘의 빛나는 은하들이 모두 한자리에 모

뉴욕 기준 지평선[41°N]

런던 기준 지평선[52°N]

지평선에서 천정까지 정남향 북쪽 봄 하늘(따라서 왼쪽이 동쪽, 오른쪽이 서쪽). 런던과 뉴욕 기준의 두 지평선 및 황도를 표기함. 이 차트는 2월 1일(4am), 3월 1일(2am), 4월 1일(자정), 5월 1일(10pm), 6월 1일(8pm)의 별자리들과 관련 있음.

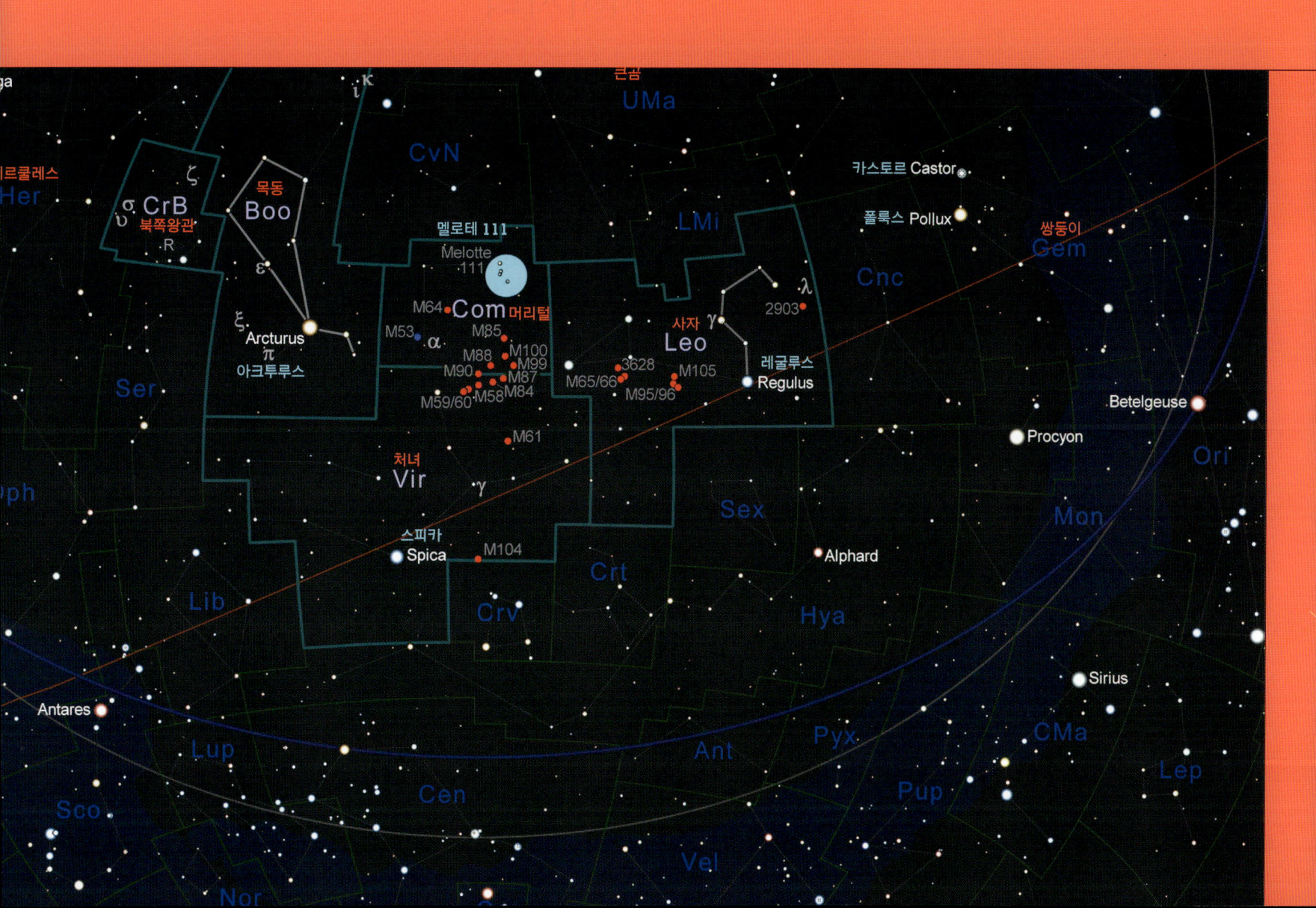

사자자리

인 것 같은 거대한 은하단, 머리털자리 - 처녀자리 은하단이 있으며, 다양한 크기와 모양의 은하들이 1,300여 개 모여 있다. 태양계 밖 천체 관찰자들이 그토록 탐사하고 싶어 하는 이 은하단은 약 5,000만 광년 멀리 떨어져 있지만 일부 밝은 별들은 쌍안경이나 소형 망원경으로 관찰될 만큼 밝다.

인근에는 천칭자리, 까마귀자리, 컵자리, 육분의자리를 비롯해 덜 밝은 별자리들이 있다. 이들은 모두 길게 늘어선 바다뱀자리 아래에 있다. 바다뱀자리의 일등성 알파르드Alphard는 레굴루스와 남서 지평선의 중간지점에 있다. 황도를 따라 하늘을 쭉 훑어보면 남동쪽의 천칭자리에서 시작해 스피카Spica, 처녀자리 α성의 고유명와 레굴루스를 지나 북서쪽에 낮게 걸려 있는 황소자리에 이른다.

거문고자리의 눈부신 직녀성이 상승세를 타고 북동쪽 지평선 위로 오르고 있으며 백조자리의 일등성 데네브Deneb가 뒤를 잇고 있다. 남동쪽에서는 목동자리의 주황색 별 아크투루스Arcturus가 형형히 빛나고, 헤르쿨레스자리와 사랑스러운 북쪽왕관자리도 관찰하기 좋은 높이로 올라오고 있다.

 LEO/LEONIS
3월 초순 자정에 남중

사자자리는 바로 옆 이웃 별자리들을 장악하고 있다. 찾기도 쉬운 편으로 서쪽으로는 도드라진 '사자의 큰 낫 성군'이 있고, 동쪽으로는 눈부신 별들이 삼각형을 이루며 사자자리의 꼬리를 담당하고 있다.

사자자리의 알파별인 레굴루스α Leo는 '사자의 큰 낫'의 맨 아랫부분을 담당하고 있는 이중성이다. 레굴루스의 1.4등급과 7.7등급 별들은 소형 망원경으로 쉽게 분리된다. 황도에서 0.5도도 떨어지지 않은 곳에 위치한 레굴루스는 자주 달에 가려진다. 사자 감마γ Leo 또한 아름다운 이중성으로, 2.3등급과 3.6등급의 황색 별이 짝을 이루고 있다.

사자자리의 허리 부분에는 수많은 밝은 은하들이 자리하고 있다. 9등성 나선 은하인 M65와 M66는 서로 0.5도 이내에 살짝 떨어져 있으며, 이들의 바로 북쪽에는 희미하게 빛나는 가장자리 은하edge-on galaxy NGC 3628이 있다. 이 세 개의 은하는 모두 저배율의 100mm 망원경으로 관찰할 수 있다. 이 은하의 서쪽에는 또 다른 유명한 삼중 은하 M95, M96, M105가 있다. M95는 밝은 핵을 가진 정면에서 본 은하인 반면, M96은 핵이 없이 균질한 둥근 방울처럼 생겼다. M105는 시가 모양의 타원형 얼룩처럼 보인다. 사자

람다λ Leo의 남쪽으로 1.5° 떨어진 거리에 나선은하 NGC 2903이 있다. 이 은하는 찾기 쉬우며 소형 망원경으로 보면 얼룩덜룩한 반점들이 일부 관찰된다.

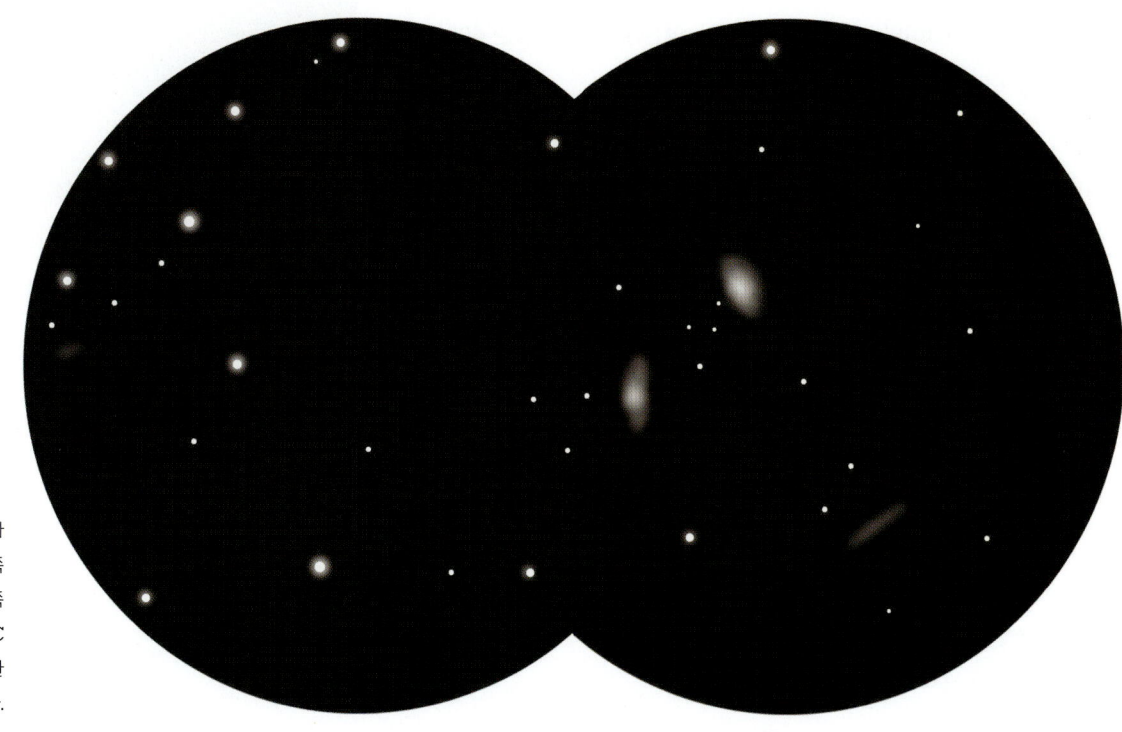

300mm 반사 망원경을 사용해 저자가 직접 관찰한 M65와 M66(망원경의 양쪽 시야를 통합한 이미지), 이밖에 오른쪽 아래로 희미하게 빛나고 있는 NGC 3628(오른쪽 낮게)과 멀리 왼쪽으로 희미한 NGC 3593(왼쪽 멀리)이 보인다.

머리털자리

 COM/COMAE BERENICES
4월 초순 자정에 남중

머리털자리는 약 30개의 희미한 별들로 구성된 조그만 별자리로 맨눈으로도 볼 수 있을 정도로 밝다. 가장 먼저 시선을 사로잡는 것은 머리털자리의 성단 멜로테 111Melotte 111이다. 멜로테 111은 맨눈에는 잘 보이지 않는 40여 개의 별들이 5° 너비를 차지하며 퍼져 있는 운무 조각이다.

머리털자리에 있는 M53은 수백 개의 별들로 이루어진 밝은 구상성단이며, 중심에 별들이 집중적으로 모여 있다. 고배율의 200mm 망원경으로 관찰할 수 있으며, 머리털자리 알파α Com의 북동쪽으로 1° 떨어져 있어 쉽게 찾을 수 있다. 머리털자리의 밝은 은하들은 모두 머리털자리-처녀자리 은하단에 속한다. 5,000만 광년 멀리 떨어져 있는 이 은하단에는 엄청나게 많은 은하들이 모여 있다. 가장 장관을 이루는 은하는 보통 '검은 눈 은하Black Eye Galaxy'라고 불리는 M64일 것이다. 150mm 망원경으로 관찰하면 그 유명한 검은 띠가 어른거리는 모습을 볼 수 있다. 그밖에도 머리털자리 은하에는 M85, M88, M99, M100을 비롯해 소형 망원경으로 관찰되는 수많은 은하들이 있다.

머리털자리의 검은 눈 은하,
127mm 망원경 + 냉각 CCD
카메라로 촬영한 이미지.

처녀자리

♍ **VIR / VIRGINIS**
4월 중순 자정에 남중

천구의 적도를 따라 길고 넓게 펼쳐진 처녀자리는 두 번째로 큰 별자리로, 거의 1,300제곱각을 차지하고 있다. 처녀 알파α Vir인 스피카를 찾고 나면, 처녀자리를 이루는 나머지 별들을 어렵지 않게 찾을 수 있다. 별지기들을 위해 한 가지 방법을 소개하면, 두 손을 펴서 쭉 뻗은 다음 양쪽 엄지가 만나는 지점 바로 아래에 스피카를 조준하면 양손의 너비가 처녀자리의 몸통을 꼭 맞게 가리게 된다.

처녀 감마γ Vir, 포리마, Porrima는 똑같이 생긴 두 별로 구성된 이중성으로 유명하다. 4.6등급의 백색 별 두 개로 이루어져 있다. 이 쌍은 약 170년을 주기로 서로 돈다. 2008년에 두 별은 가장 가까운 곳에 접근했는데, 이는 고배율의 250mm 망원경으로 겨우 구분할 수 있었다. 2020년에는 60mm 망원경으로 분해가 가능한 거리를 유지할 것이며, 2080년에는 가장 멀리 떨어질 것으로 예상된다. 이 모습은 소형 망원경으로 관찰할 수 있을 것이다.

처녀자리에 속한 모든 밝은 은하들은 머리털자리-처녀자리 은하단에 속해 있다. 이들 대다수는 처녀자리의 북서쪽에 위치하며, M58, M59, M60, 팽창 나선 M61, M84, M87, M90 등이 있다. 처녀자리의 남서쪽에서 발견되는 은하 M104Sombrero, 솜브레로 은하는 밝은 8등성의 모서리 은하이며, 이의 핵이 휘감긴 나선팔의 양면으로 완만하게 불거져 올라와 있다. 검은 먼지 띠가 M104의 중심을 관통하고 있는데, 이는 300mm 망원경으로 볼 수 있다.

처녀자리의 은하 M104, 300mm 반사 망원경을 사용해 저자가 직접 관찰.

목동자리

BOO/BOÖTIS
5월 초순 자정에 남중

목동자리의 일등성 아크투루스는 주황색의 거성으로, 큰곰자리 꼬리에서 시작해 살짝 구부러진 연장선을 따라가면 발견된다. 많은 별지기들이 목동자리의 모양을 커다란 연으로 상상하고 그 윤곽을 좇기도 한다. 이때 아크투루스는 연의 꼬리이고, 꼭대기에 이등성이 있다. 아크투루스의 서쪽으로 연의 꼬리에 달린 리본을 나타내는 별 무리들을 찾아내면 윤곽이 완성된다.

목동자리는 꽤 규모가 큰 별자리이지만, 밝은 태양계 밖 천체는 전혀 가지고 있지 않다. 목동자리를 구성하는 것은 다수의 멋진 이중성이다. 목동 엡실론ε Boo은 2.5등급의 주황색 주성과 4.6 등급의 청색 부성이 가까이 붙어 있는 사랑스러운 이중성이다. 이들을 제대로 분해하기 위해서는 ×100 배율의 100mm 망원경이 필요하다. 60mm 망원경으로 볼 수 있는 이중성으로는 4.8등급과 8.3등급의 두 별이 널찍하게 떨어져 있는 목동 요타ι Boo, 4.5등급과 6.6등급으로 구성된 찾기 쉬운 목동 카파κ Boo, 4.5등급과 5.8등급의 목동 파이π Boo, 4.7등급과 7등급의 아름다운 주황색 이중성 목동 크시ξ Boo가 있다.

하늘에서 네 번째로
밝은 별 아크투루스
(그리스어로 '곰 지키미'를 뜻함).

북쪽왕관자리

 **CRB/CORONAE BOREALIS**
5월 말 자정에 남중

작지만 아름다운 별자리인 북쪽왕관자리는 **7개의 밝은 별들이 형성한 반원**이 주요 패턴을 이룬다.

밝기 5등급과 6등급 별로 이루어진 북쪽왕관 제타ζ CrB, 멀리 떨어져 쌍을 이루고 있는 5등성 쌍 북쪽왕관 뉴ν CrB, 5.6등급과 6.6등급 북쪽왕관 시그마σ CrB를 비롯한 여러 이중성들은 소형 망원경으로 쉽게 분리된다. 북쪽왕관 RR CrB은 **왜신성**dwarf nova, 난쟁이 신성 **격변변광성**cataclysmic variable, 쌍성계 한쪽의 별이 백색왜성이나 중성자별·블랙홀로 되어 있으며, 다른 쪽의 적색거성의 대기가 유입되었을 때 급격한 증광을 보이는 천체를 격변변광성이라고 부른다. 이런 종류는 신성이나 회귀신성, 왜신성 등이 있다이며, 최저밝기 주기가 일정하지 않다. 대부분은 약 6등급으로 빛나지만 갑자기 희미해서 8등급까지 떨어지고, 그처럼 희미한 상태를 얼마간 유지하기도 한다.

목동자리와 북쪽왕관자리.

북반구의 여름 별(7월 1일, 자정)

여름이 오면, 별지기들은 한쪽 하늘의 별자리들을 잃어가고 대신에 다른 별자리들을 새롭게 맞이하게 된다. 얇아지고 짧아지는 사람들의 옷차림을 보면 알 수 있듯 밤이 갈수록 짧아지고 또 밝아지고 있기 때문이다. 낯익은 겨울 별자리들은 모두 지평선 아래로 저물었지만, 북쪽 지평선 위에 낮게 걸린 마차부자리의 카펠라(주극성)는 여전히 희미하게 보이기도 한다.

큰곰자리는 회전해서 북서쪽으로 이동했고, 북두칠성은 바로 밑의 희미한 살쾡이자리에게 우주 국자에 담긴 것을 쏟아부을 태세다. 곰의 꼬리를 따라 가 보면, 서쪽 하늘로 천천히 떨어지고 있는 아크투루스에 도착한다. 머리털자리와 처녀자리가 서쪽으로 기울어지면 봄날의 우주 향연도 막바지를 향해가고, 하늘은 마침내 우리 은하 은하수의 호화로운 별자리들로 교체될 것이다.
천상의 형형한 보석들인 헤르쿨레스자리, 북쪽왕관자리, 뱀주인자리가 입장하고, 이제 거문고자리의 베가성직녀성, 천정 근처, 백조자리의 데네브, 독수리자리의 알타이르견우성로 구성된 그 유명한 여름 삼각형 성군Summer Triangle asterism이 뒤를 잇는다. 남쪽에 낮게 뜬 궁수자리에서 시작해, 여름 삼각형 성군 위에 아치를 그리며 높이 떠 있는 전갈자리를 지나 카시오페이아자리와 페르세우스자리에 이르는, 북반구에서 볼 수 있는 은하수의 가장 장엄한 장면이 연출된다. 빛의 방해가 없는 깜깜한 데서 하늘을 올려다보면 은하수의 이 장면은 맨눈으로도 자세히 관찰할 수 있다. 성간 기체와 먼지 때문에 생기

뉴욕 기준 지평선[41°N]

런던 기준 지평선[52°N]

지평선에서 천정까지 정남향 북쪽 여름 하늘(왼쪽이 동쪽, 오른쪽이 서쪽). 런던과 뉴욕 기준의 두 지평선 및 황도를 표기함. 이 차트는 5월 1일(4am), 6월 1일(2am), 7월 1일(자정), 8월 1일(10pm), 9월 1일(8pm)의 별자리들과 관련있음.

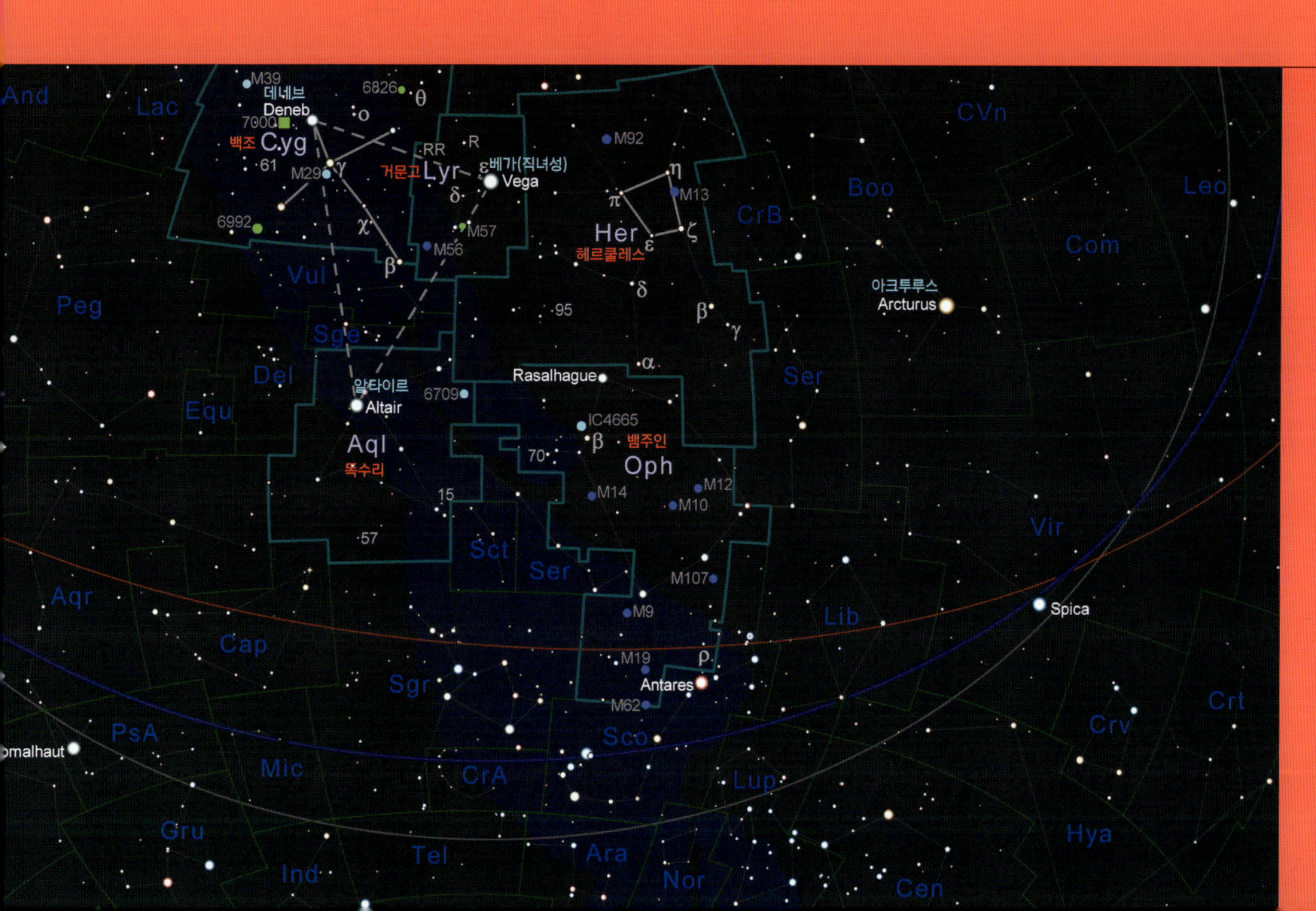

헤르쿨레스자리

는 돌출된 암흑성 균열들의 실루엣들도 우리 은하의 먼 별들을 배경으로 백조자리의 북십자 성군을 관통하며 걸쳐 있다. 더 남쪽으로 내려가면, 방패자리 별 구름Scutum Star Cloud으로 알려진 은하와 분리되어 있는 듯 보이는 단면이 보이는데, 북반구 관찰자들은 이를 통해 남반구에 사는 이들에게 마젤란운이 어떻게 보일지 짐작할 수 있을 것이다.

동쪽에서는 안드로메다자리와 페가수스의 사각형 성군이 떠오른다. 이들은 고대인들에게 '천상의 물'이라 알려진 구역에 떠 있으며, 이밖에도 물고기자리, 물병자리, 염소자리가 들어 있다. 북반구 별지기들을 위해 하늘을 가로질러 최저 경로를 따라 관찰하면, 황도는 남동쪽에서 희미한 물고기자리에서 시작해 남쪽에 낮게 걸린 궁수자리를 지나 서쪽의 처녀자리에 이른다. 황도의 최고 지점도 남쪽 지평선 위로 한 손으로 가려질 정도다. 궁수자리에 위치한 우리 은하의 중심은 어둑한 성간 구름에 차단되어 실루엣으로 관찰될 뿐이고, 근처에 보기 좋게 흩뿌려진 아름다운 성운들이 빛을 발하고 있다.

HER / HERCULIS
6월 초순 자정에 남중

헤르쿨레스자리는 큰 별자리다. 밝은 4개의 별, 즉 헤르쿨레스 파이, 에타, 엡실론, 제타 π, η, ε, ζ Her로 구성된 주춧돌 성군으로 쉽게 확인할 수 있다. 이들과 더불어 헤르쿨레스 베타 β Her와 남쪽으로 더 내려가면 있는 헤르쿨레스 델타 δ Her는 우리에게 익숙한 커다란 나비 모양의 성군을 구성한다. 이 성군이 북쪽, 남쪽, 동쪽 멀리까지 깊이 펼쳐져 있는 덕분에 헤르쿨레스자리는 하늘에서 다섯 번째로 큰 별자리가 되었다.

헤르쿨레스 알파 α Her는 황홀한 적색거성으로, 밝기가 3등급과 4등급 사이에서 변한다. 소형 망원경으로 보면, 가까이 있는 5.4등급의 초록 부성이 보인다. 헤르쿨레스 감마 γ Her와 헤르쿨레스 95 95 Her도 망원경으로 관찰되는 아름다운 이중성이다.

대형 구상성단 M13은 북쪽 하늘을 화려하게 장식하고 있는 대표적인 구상성단이다. 헤르쿨레스 에타 η Her의 남쪽으로 2.5° 떨어져 위치한 M13은 쉽게 확인할 수 있다. 맨눈으로도 희미하게 보이는데, 쌍안경으로 관찰하면 보름달 겉보기 지름의 반절 정도에 해당하는 광범위한 솜털 조각으로 보인다. 150mm 이상 망원경으로 관찰할 경우, M13의 놀라운 모습이 목격된다. 성단의 둘레를 수놓는 30만 개의 밝은 별들이 분해되어 관찰되기 때문이다. 이들은 뚜렷이 구별되는 여러 방사형 선을 따라 배열되어 있다. 성단의 외곽 영역으로 좀더 어두운 띠들을 감지할 수 있는데, 사진에는 이러한 특성이 잘 잡히지 않지만, 접안렌즈로 관찰할 경우 사뭇 다른 인상을 받게 된다.

M92는 북쪽 하늘에서 두 번째로 아름다운 구상성단이다. 주춧돌 성군의 북쪽에 위치한 탓에 관심은 덜 받지만, 굉장한 모습을 자랑한다. 이 성단의 외곽 별들은 150mm 망원경으로 분해되며, M13에 비해 크기는 작지만 더 촘촘한 구체를 이루고 있다.

헤르쿨레스자리의 대형 구상성단 M13, 저자가 300mm 반사 망원경을 사용해 직접 관찰.

헤르쿨레스자리의 구상성단 M92. 160mm 굴절 망원경 + 냉각 CCD 카메라로 촬영한 이미지.

뱀주인자리

OPH/OPHIUCHI
6월 중순 자정에 남중

천구 적도의 남쪽 깊이까지 이어진 커다란 뱀주인자리는 2등성과 3등성이 주를 이루고 있다. 남쪽으로 30° 깊이까지 내려가기 때문에 북반구에서는 뱀주인자리의 윤곽을 모두 헤아리기는 어렵다.

뱀주인 로ρ Oph는 고배율로 관찰하면 아주 멋진 복성이다. 4.6등급의 주성과 가까이에 5.7등급의 부성이 있고, 7등성의 두 별이 멀찍이 떨어져 배경을 이루고 있다. 뱀주인 70 70 Oph 또한 주목을 끄는 이중성으로, 4.2등급과 6등급으로 이루어져 있다. 이들은 88년을 주기로 서로를 돌고 있으며, 2025년에 가장 멀리 떨어지게 될 것이다. 뱀주인 베타β Oph 북쪽에 산개성단 IC 4665가 있다. 맨눈으로 관찰하면 운무 조각으로 보이지만, 쌍안경으로 아름다움을 잘 감상할 수 있다. 동쪽으로 몇 도 거리에, 우리로부터 6광년 떨어진 9등성의 적색왜성 바너드별뱀주인자리에 있는 실시등급 9.54의 어두운 별이 있다. 뱀주인자리에는 구상성단이 많다. 메시에 목록에 등장하는 밝은 성단 중 7개 성단 M9, M10, M12, M14, M19, M62, M107이 뱀주인자리에 있다. 이 가운데 M10과 M12가 가장 밝고 200mm 망원경으로 분해된다.

뱀주인자리의 구상성단 M14, 127mm 굴절 망원경 + 냉각 CCD 카메라로 촬영.

거문고자리

 LYR/LYRAE
7월 초순 자정에 남중

촘촘하기로 유명한 거문고자리는 북반구의 여름 하늘에서 가장 널리 알려진 별자리다. 이 별자리의 서쪽 끝자락은 별들이 가득한 은하수 영역에 폭넓게 물려 있다. 거문고 알파성 베가$^{\alpha\,Lyr}$는 하늘에서 다섯 번째로 밝고, 천구 북반구에서는 두 번째로 밝은 별이다. 베가는 25광년 거리에 있으며, 우리 태양보다 세 배 더 크고, 61배 더 밝게 빛난다. 베가는 1859년 7월 역사상 최초로 촬영된 별이기도 하다. 1만 2천 년이 지나면 지축의 세차운동에 의해 천구 북극은 베가 근처로 이동할 것이다.

거문고 베타$^{\beta\,Lyr}$는 아름다운 이중성으로, 3.3~4.4등급의 백색 변광성 주성과 거문고 델타$^{\delta\,Lyr}$인 7.2등급의 청색 부성으로 이루어져 있다. 거문고 엡실론$^{\varepsilon\,Lyr}$은 이중-이중성으로 유명한 복성이다. 주성의 쌍은 쌍안경으로 분리될 정도로 서로 떨어져 있으며, 이들은 가까이 붙어 있어 망원경으로 분해되는 4.6등급과 5.3등급의 이중성과 100mm 망원경으로 분해되는 4.7등급과 6.1등급의 이중성이다.

거문고 R$^{R\,Lyr}$은 변광성으로, 3.9등급과 5등급 사이를 6~7주에 걸쳐 진동하는 적색거성이다. 거문고 R에서 동쪽으로 약간 떨어진 곳에 매우 특이한 유

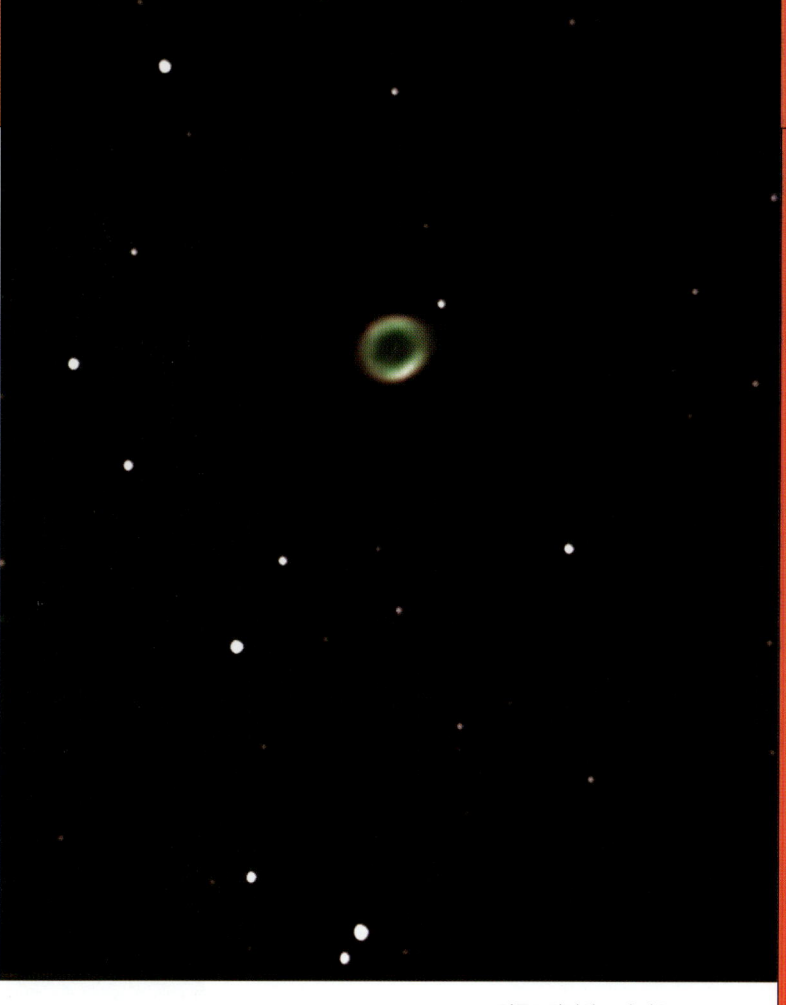

거문고자리의 고리 성운 M57, 8" 슈미트-카세그레인 망원경 +냉각 CCD 카메라로 촬영한 이미지.

형의 변광성 거문고 RR$^{\text{RR Lyr}}$이 있다. 이 변광성은 7.1등급에서 8.1등급 사이를 13.6시간마다 오간다.

M57$^{\text{Ring Nebula, 고리 성운}}$은 가장 잘 알려진 행성상 성운이다. 거문고 베타$^{\beta\text{ Lyr}}$와 거문고 감마$^{\gamma\text{ Lyr}}$의 중간 지점에 있어 쉽게 발견되는 비교적 작은 성운이다. 쌍안경으로 보면 마치 별처럼 생긴 점으로 보이지만, 고배율의 망원경으로 관찰하면 빛을 발하는 고리처럼 생겼다. 거문고자리의 또 다른 밝은 태양계 밖 천체로는 구상성단인 M56이 있다. 200mm 망원경으로 이 구상성단의 대부분의 별을 관찰할 수 있으며, 이들은 풍성하고도 아름답게 성단을 장식하고 있다.

거문고자리의 구상성단 M56, 160mm 굴절 망원경 + 냉각 CCD 카메라로 촬영한 이미지.

독수리자리

AQL / AQUILAE
7월 중순 자정에 남중

독수리자리는 중간 크기의 별자리로, 천구 적도에 걸쳐 있다. 독수리 알파 α Aql, Altair, 알타이르, 견우성는 유명한 여름 삼각형 성군의 남쪽 끝에 있으며, 우리에게서 겨우 17광년 떨어진 가장 가까운 이웃별에 속한다. 독수리자리에는 유난히 색이 아름다운 두 개의 이중성이 있다. 이들은 소형 망원경으로 쉽게 볼 수 있다. 독수리 15 15 Aql 이중성은 5.4등급의 주홍색 주성과 7등급의 연보라색 부성으로 구성되어 있으며, 독수리 57 57 Aql 이중성은 5.7등급의 하늘색 주성과 6.5등급의 부성으로 이루어져 있다.

독수리자리에는 희미한 행성상 성운들이 고르게 산재해 있다. 그 가운데 가장 빼어난 것은 NGC 6709이다. 꽤 밝은 30개 남짓한 별들로 구성된 산개성단이며, 몇몇 별들은 띄엄띄엄 줄을 지어 배열되어 있다.

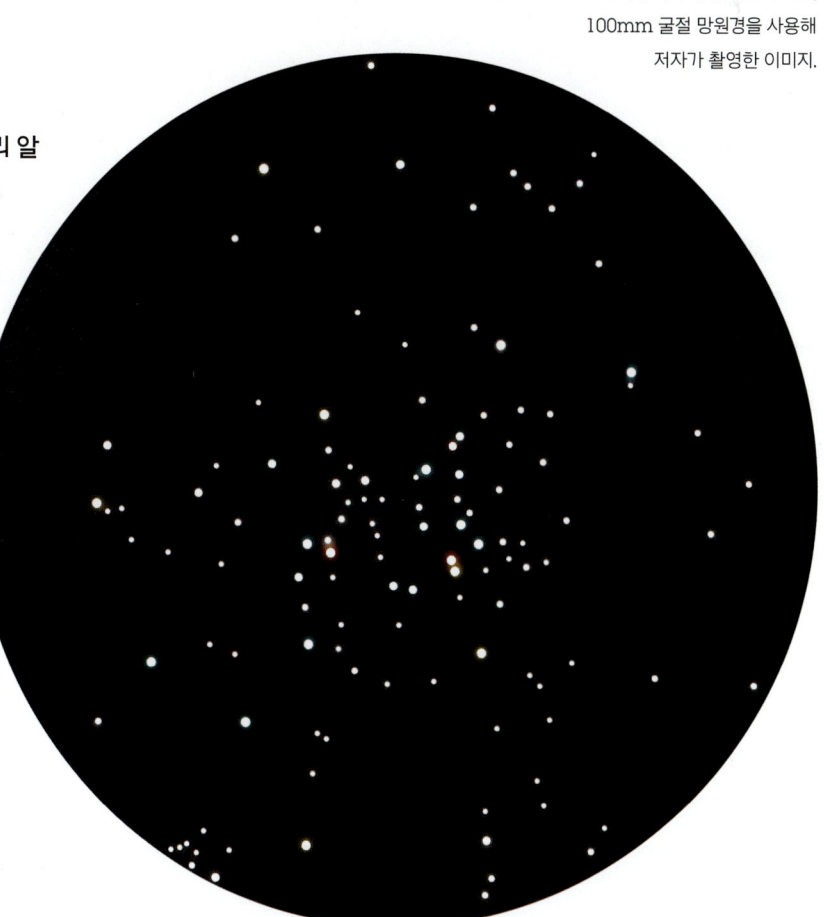

독수리자리의 NGC 6709, 100mm 굴절 망원경을 사용해 저자가 촬영한 이미지.

백조자리

 CYG/CYGNI
8월 초순 자정에 남중

은하수를 따라 남쪽으로 날아가 보면, 밝은 별들이 촘촘하게 박힌 은하수를 배경으로 환상적인 별자리인 백조자리가 보인다. 쌍안경으로 백조자리를 전부 살펴보기 위해서는 몇 시간을 보내야 한다. 왜냐하면 우선 장엄한 스타필드를 모두 살펴봐야 하기 때문이고, 다음은 보일 듯 말 듯한 태양계 밖 별의 보고를 탐사하는 데 공을 들여야 하기 때문이다. 백조 알파성 α Cyg 데네브는 여름 삼각형 성군을 구성하는 세 개의 밝은 별 중 하나이면서 북십자성Northern Cross, 남십자성에 대응하는 것으로 백조자리의 α, γ, β를 세로로, ε, γ, δ를 가로로 하여 십자 모양을 이루는 별들을 말한다의 꼭대기별이기도 하다.

북십자성의 받침별은 백조자리의 남서쪽 경계 근처에 있는 백조 베타β Cyg, Albireo, 알비레오로, 멋진 색을 자랑하는 이중성에 속한다. 알비레오는 소형 망원경으로 쉽게 분해할 수 있으며, 3.1등급의 황금색 주성과 5.1등급의 강청색 부성으로 이루어져 있다. 백조 오미크론 ο Cyg 또한 멋진 색상을 자랑하는 이중성으로, 쌍안경으로 분해 가능하며 3.8등급의 주홍 주성과 4.8등급의 진초록 부성으로 이루어져 있다. 이를 더욱 자세히 관찰하면 주성의 또 다른 부성인 7등급의 청색 별이 보인다.

은하수 한가운데 위치한 백조자리의 이중성 알비레오(백조 베타). 청색과 금색의 환상적 대비를 자랑하는 이중성이다. 150mm 굴절 망원경을 사용해 저자가 촬영한 이미지.

백조자리의 NGC 7000(속칭 아메리카 성운). 몇 개 CCD 카메라로 촬영한 이미지.

베일조각이
별과 같은, 먼지
CCD 카메라로
촬영한 이미지.

적색거성 백조 키^x Cyg는 미라형 변광성으로, 가장 밝을 때 3등성에 근접하며 보통은 14등성으로 떨어져 맨눈으로 보기는 어렵다. 변광주기는 약 400일이다. 백조 61^{61} Cyg은 5.2등급과 6등급의 주황색왜성으로 구성된 이중성으로 소형 망원경으로 쉽게 볼 수 있다.

M29는 약 20개의 별들로 구성된 성긴 산개성단이다. 그중 몇몇 별은 유난히 밝으며, 백조 감마^γ Cyg의 남쪽 영역에서 쉽게 찾을 수 있다. M39는 훨씬 큰 산개성단으로, 약 12개의 밝은 별들과 희미한 많은 별들로 구성되어 있으며 저배율 망원경으로 관찰해도 아름다운 광경을 볼 수 있다.

백조 세타^θ Cyg의 동쪽에 위치하고 있는 NGC 6826$^{Blinking\ Planetary,\ 점멸\ 행}$ $^{성상\ 성운}$은 작지만 윤곽이 잘 잡힌 성운으로 연하게 푸른 기운이 돌며 150mm 망원경으로 이의 중심별을 볼 수 있다. 이 천체를 눈으로 대충 볼 경우, 별의 외곽 껍질들은 깜박거리는 듯 보이지만, 중심별은 여전히 밝게 남아 있다.

백조자리의 남쪽 부분에서 은하수의 상당 부분을 가로질러 펼쳐져 있는 면사포성운$^{Veil\ Nebula}$은 초신성 잔해물이다. 이의 가장 밝은 부분인 NGC 6992는 어두운 지역에서 대형 쌍안경으로 식별되기도 한다. NGC 7000^{북아메리} $^{카\ 성운}$ 또한 대형 쌍안경으로 볼 수 있는 성운이며, 데네브의 동쪽 은하수에서 쐐기모양으로 반짝거리는 모습으로 관찰된다. 보름달의 겉보기 지름보다 훨씬 넓은 영역을 밝히고 있다. 이처럼 넓은 영역에 걸쳐 있지만, 표면 밝기가 낮기 때문에 고배율 망원경으로도 포착하기 까다로운 성운이다.

북반구의 가을 별(10월 1일, 자정)

밤이 짧고 낮이 긴 여름이 가고 가을이 오면, 밤하늘의 모습도 크게 달라진다. 큰곰자리는 이제 북쪽 지평선을 향해 내려가고, 북두칠성도 낮게 걸려 있다. 카시오페이아자리의 W 모양은 머리맡에 높이 걸려 있고, 은하수는 좁고 긴 장식용 띠처럼 동쪽 하늘에서 서쪽 하늘에 걸쳐 아치를 이루고 있다.

헤르쿨레스자리는 일몰을 쫓아 북서쪽 지평선을 향해 서서히 내려가기 시작하고, 거문고자리의 베가가 그 뒤를 따르면서 여름 삼각형 성군의 하강을 이끈다. 북십자성은 반듯하게 서 있고, 백조자리는 전통적인 별자리 모습대로 머리를 숙이고 지평선을 향해 곤두박질치고 있다.

하나의 영웅이 서쪽으로 자취를 감추면, 일몰 후 동쪽에서 새로운 영웅이 올라온다. 바로 오리온자리가 지평선 위로 온전히 떠오르며, 그럴듯한 사냥 자세로 붉은 눈의 황소자리를 뒤쫓고 있다. 쌍둥이자리의 두 별 카스토르와 폴룩스는 다정히 손을 잡고 성큼성큼 가을 하늘로 들어오고 있다. 마차부자리의 마차가 이 위에서 굉음을 내며 달리고, 동쪽 지평선 위에 높이 뜬 마차부자리에서 가장 밝게 빛나는 일등성 카펠라가 우뚝 솟은 횃불처럼 빛나고 있다.

남쪽 하늘을 보면, 상대적으로 희미한 별들이 드넓게 펼쳐진 하늘을 가득 채우고 있으며, 별자리들의 윤곽도 뚜렷하지 않다. 이러한 모양새의 가을 별자리들은 즉각적인 시각적 효과를 내지는 못하지만, 그럼에도 흥미진진한 요소들을 많이 갖고 있다. 남쪽 지평선 근처의 조각가자리를 바라보면, 은하수 면

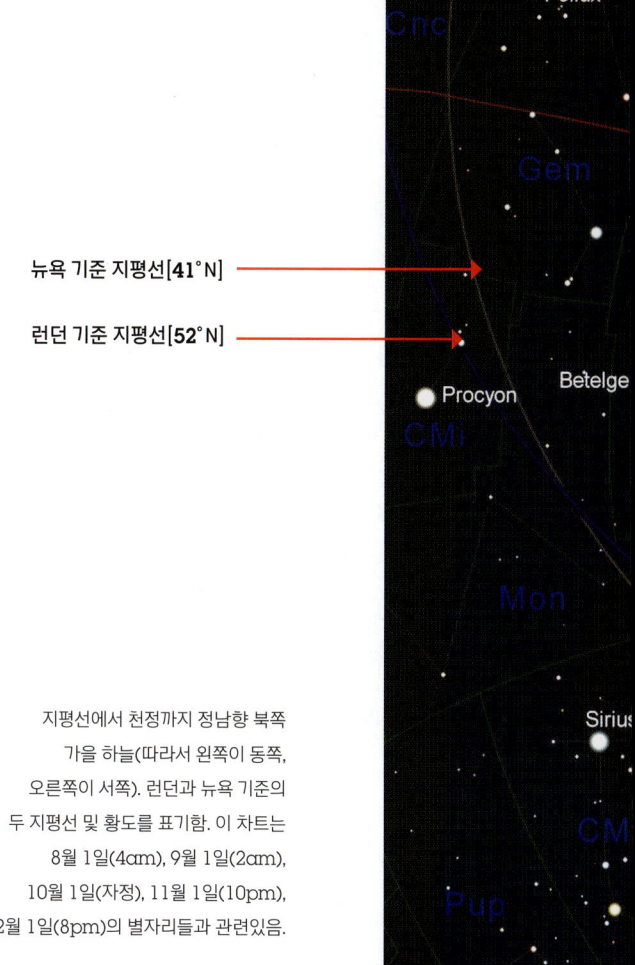

뉴욕 기준 지평선[41°N]

런던 기준 지평선[52°N]

지평선에서 천정까지 정남향 북쪽 가을 하늘(따라서 왼쪽이 동쪽, 오른쪽이 서쪽). 런던과 뉴욕 기준의 두 지평선 및 황도를 표기함. 이 차트는 8월 1일(4㎝), 9월 1일(2㎝), 10월 1일(자정), 11월 1일(10pm), 12월 1일(8pm)의 별자리들과 관련있음.

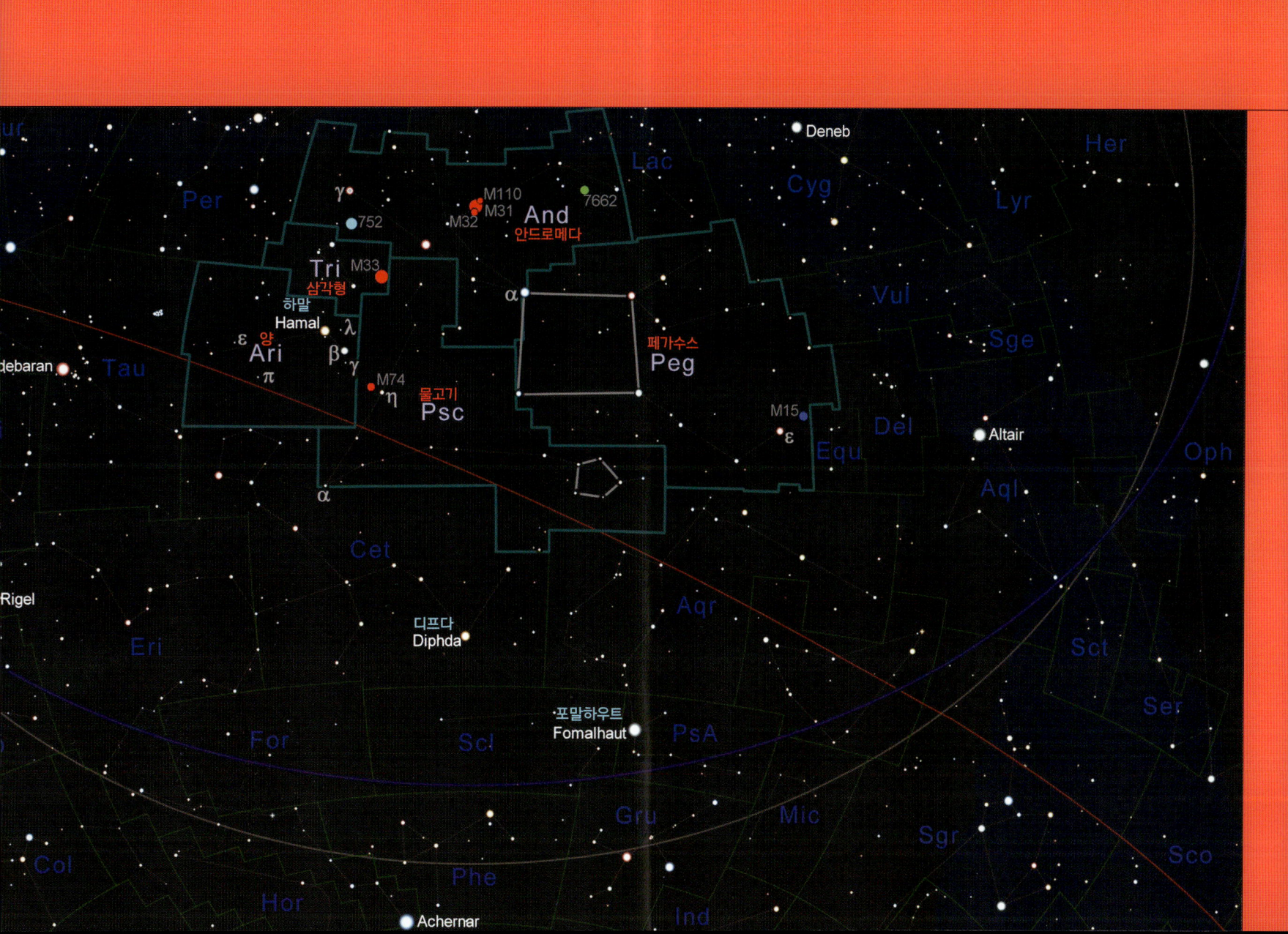

페가수스자리

the plane of the Milky Way에 대해 직각을 이루며 떠 있어 우리 은하의 먼지와 기체의 방해 없이 은하와 은하 사이를 깊이 엿볼 수 있게 해준다. 남쪽물고기자리가 지평선 위로 떠오르면서 이의 일등성 포말하우트가 '천상의 물Water'에 섬광처럼 출현한다. 천상의 물은 남동쪽의 에리다누스 성군에서 시작해, 고래자리, 물고기자리, 물병자리를 지나 남서쪽의 염소자리까지 남쪽 하늘을 가로지르고 있다. 황소자리의 플레이아데스 성단의 뒤를 이어, 주홍색의 알데바란이 동쪽 하늘 높이 오르고 있고, 서쪽으로는 낯익은 조그만 별자리인 양자리가, 그 옆으로는 애매한 윤곽으로 물고기자리를 형성하는 별들이 모여 있다. 이 별들은 페가수스자리의 사각 성군의 왼쪽 아래 모퉁이 주변에서 찾아볼 수 있다. 안드로메다자리와 삼각형자리가 하늘 높이 솟아 있으며, 이들의 경계에는 맨눈으로도 볼 수 있는 가장 먼 두 천체, 안드로메다의 대형 나선은하와 바람개비은하가 자리하고 있다.

 **PEG/PEGASI**
9월 초순 자정에 남중

페가수스는 넓게 펼쳐진 별자리다. 그 유명한 '페가수스 사각형Square of Pegasus'은 페가수스자리의 동쪽 부분을 폭넓게 차지하고 있어 쉽게 찾을 수 있다. 하지만 사각형의 왼쪽 꼭대기별은 사실 안드로메다자리에 속한다는 점을 주목해야 한다. 페가수스 사각형에서 볼 수 있는 별들의 수효는 관측 지역의 암흑 정도를 알아보는 데 유효하다. 이를 테면 여기서 별 6개를 찾을 수 있다면 별을 관측하기 양호한 상태라고 볼 수 있다.

페가수스 엡실론ε Peg은 2.4등급의 주홍색 주성과 8.4등급의 청색 부성이 멀찍이 짝을 이룬 아름다운 이중성이다. 페가수스 엡실론의 북서쪽으로 약 4° 거리에 M15가 있다. 이는 쌍안경으로 관찰될 만큼 밝고 아름다운 구상성단이다. 이의 외곽 별들은 150mm 망원경으로 분해할 수 있다.

페가수스자리의 구상성단 M15, 125mm 굴절 망원경을 사용해 저자가 관찰한 이미지.

안드로메다자리

AND/ANDROMEDAE
9월 후순 자정에 남중

안드로메다자리는 두 손을 엄지손가락끼리 맞닿게 하고 나란히 쭉 내밀었을 때 하늘이 가려지는 면적만큼 넓다. 특별히 밝게 빛나는 별자리는 아니지만 안드로메다 알파$^{\alpha\ And,\ Alpheratz,\ 알페라츠}$가 페가수스 사각형의 왼쪽 상단 별이기 때문에 찾기 쉽다. 알페라츠의 오른쪽으로 안드로메다자리의 밝은 별들을 추적하면 폭이 넓은 단검의 날 모양을 찾아볼 수 있다.

안드로메다 감마$^{\gamma\ And,\ Almach,\ 알마크}$는 2.3등급과 4.8등급의 금색과 청색 별로 구성된 사랑스러운 이중성으로, 소형 망원경으로 쉽게 관찰할 수 있다. 약한 밝기의 황금색 별 가까이에 6.6등급의 청색 별이 있는데, 이 별은 2020년 즈음 200mm 망원경으로 관찰할 수 있을 것이다.

안드로메다자리는 대형 안드로메다 은하^{M31}의 고향으로 유명하다. 이 은하는 국부은하단을 구성하는 은하 중 가장 거대한 은하이며, 250만 광년 이상 멀리 떨어져 있다. 교외의 어둑한 지역에서는 맨눈으로도 충분히 관찰할 수 있다. 우리에게 관측되는 M31은 이의 면에 대해 30° 위에서 바라본 모습이다. 따라서 우리는 전방으로 약간 단축된 모습을 보게 된다. 쌍안경으로 보면 0.5° 폭의 밝은 타원형 운무로 보인다. 어둑한 지역에서 관찰하면 더 멀리 펼쳐진 모습을 볼 수 있다. 200mm 망원경으로 보면 은하 내부 구조가 어렴풋이 보이며, 돌출된 암흑 띠라든지 나선팔에 위치한 매듭$^{커다란\ 성운으로\ 여겨지는이}$이 보일 것이다. 이의 가까이에 소형 위성 은하인 M32와 M110이 있다. 이들은 80mm 쌍안경으로 보면 응축된 작은 방울처럼 보인다. M32가 더 밝고, M31의 중심에서 남쪽으로 약 0.5° 떨어져 있으며, M110은 북서쪽으로 약 1° 떨어져 있다.

NGC 752는 커다란 산개성단으로 60여 개의 희미한 별들로 이루어져 있으며, 보름달 면적보다 좀더 큰 영역에 걸쳐 별들이 고르게 펼쳐져 있다. 쌍안경으로 보면 운무 조각처럼 보이며, 100mm 망원경으로 관찰할 경우 개별적인 별들을 분해할 수 있다. NGC 7662$^{Blue\ Snowball\ nebula,\ 푸른\ 눈덩이\ 성운}$는 9등성의 밝은 행성상 성운이다. 소형 망원경으로 보면 흐릿한 파란 점으로 보인다. 고배율로 관찰하면 색깔이 뚜렷하게 보이지는 않지만, 보다 우수한 장비로 관찰하면 무척 아름다운 모습을 드러낸다.

안드로메다자리의 대형 나선은하 M31
(동반 은하인 M32와 M110도 포함),
냉각 CCD로 촬영한 이미지와 안시관측의 비교.
시야는 2°(달의 겉보기 폭의 4배에 해당).

물고기자리

♓ PSC/PISCIUM
10월 초순 자정에 남중

페가수스자리 사각형 성군의 바로 남쪽과 동쪽에 위치한 물고기자리는 황도 12궁 가운데 가장 큰 별자리 중 하나이다. 이 별자리의 전통적인 윤곽은 희미한 별들이 늘어서 형성한 탓에 깜깜한 지역에서만 파악이 가능하다. 물고리자리 일등성 물고기 알파 α Psc는 별자리의 남동쪽 모서리에 위치한다. 100mm 망원경으로 관찰하면 4.2등급과 5.2등급 두 개의 별이 가까이 있는 이중성으로 분해된다. 물고기자리의 서쪽 귀퉁이에는 유명한 '작은고리 성군 Circlet'이 있다. 7개의 별로 이루어진 이 성군은 도심에서는 맨눈으로 잘 확인되지 않는다.

정면에서 본 나선은하인 유령은하M74는 물고기자리에서 가장 밝은 태양계 밖 천체이다. 물고기 에타 η Psc의 동쪽으로 1° 약간 너머에 있는 이 은하는 소형 망원경으로 관찰할 경우, 밝고 뚜렷한 핵이 있는 꽤 큰 둥근 얼룩처럼 보인다.

물고기자리의 정면에서 바라본 유령은하 M74(표면 밝기가 낮은 데서 비롯한 이름). 127mm 굴절 망원경 + 냉각 CCD 카메라로 촬영한 이미지.

삼각형자리

TRI/TRIANGULI
10월 하순 자정에 남중

양자리와 안드로메다자리 사이에 쐐기처럼 낀 삼각형자리는 하늘에서 가장 조그맣고, 주목받지 못하는 별자리에 속한다. 세 개의 희미한 별이 길쭉한 삼각형 모양을 이루고 있다. 삼각형자리가 하찮아 보이기는 하지만, 우리와 가장 가까운 은하인 바람개비은하, M33의 주인이다. 바람개비은하는 270만 광년 멀리 있는 정면에서 본 나선은하로, 어둑한 곳에서는 맨눈으로도 잘 관찰된다. 그런데 표면 밝기는 낮기 때문에 쌍안경으로 잘 관찰할 수 있지만, 고배율의 망원경으로 관찰할 경우 쉽게 놓칠 수 있다.

삼각형자리의 바람개비은하(M33), 표면 밝기가 낮은 정면에서 본 은하이다. 127mm 굴절 망원경 + 냉각 CCD 카메라로 촬영한 이미지.

양자리

 ARI / ARIETIS
11월 초순 자정에 남중

황도12궁 가운데 가장 작은 별자리인 양자리는 밝은 별들, 즉 일등성 하말Hamal, α Ari, 양 베타β Ari, 양 감마γ Ari가 이루는 작은 패턴을 보고 식별할 수 있다. 이 패턴이 이웃 황소자리의 플레이아데스 성단 서쪽에서 조금 떨어진 데 위치한 덕분이다. 양자리의 남쪽은 황도가 짧게나마 걸쳐져 있기 때문에 해와 달과 행성이 자주 다녀가는 곳이다.

양 감마γ Ari는 하늘에서 가장 닮은 두 별로 이루어진 이중성이다. 4.6등급의 두 백색 별이 이루는 이 이중성은 소형 망원경으로 쉽게 관찰되며, 활활 타오르고 있는 두 눈처럼 보인다. 양 람다λ Vel 또한 이중성으로, 4.8등급의 흰색 주성과 7.3등급의 황색 부성이 멀찌감치 떨어져 있다. 관찰하기 까다로운 이중성으로는 양 엡실론ε Ari과 양 파이π Vel가 있다. 양 엡실론은 4.6등급과 5.5등급의 백색 별이 가까이 짝을 이루고 있어 100mm 망원경으로 분리가 가능하다. 양 파이는 5.2등급의 청색 별과 8.5등급의 황색 별이 가까이 있으며, 60mm 망원경으로 분리가 가능하다. 이 별자리는 딱히 눈에 띄는 태양계 밖 천체를 가지고 있지는 않지만, 태양계 밖 천체를 하나라도 확인하고 싶은 열정적인 별지기라면 양자리의 경계에 있는 12등성 은하를 어렴풋하게나마 관측할 수 있을 것이다.

쌍둥이 이중성인 양 감마,
100mm 굴절 망원경을
사용해 관찰.

남반구의 별

이제부터는 남쪽 하늘의 별자리와 별, 천상의 볼거리들을 살펴볼 것이다. 먼저 남쪽 천극을 도는 별자리에서 시작해서 계절별 별자리를 살펴보고, 17세기 초 유럽 탐험가들에 의해 비로소 별자리 지도에 이름을 올리게 된 먼 남쪽 별들도 살펴볼 것이다.

남반구 주극성 별자리

맨눈으로도 볼 수 있는 팔분의자리 시그마 $^{\sigma\,Oct}$는 천구 남극의 위치를 거의 정확하게 가리킨다. 다행히도 극을 쉽게 찾도록 해주는 지극성이 여럿 있다. 극에 가장 가까이 있는 지극성은 팔분의 뉴 $^{\nu\,Oct}$, 물뱀 베타 $^{\beta\,Hyi}$, 팔분의 베타 $^{\beta\,Oct}$가 형성한 '납작한 삼각형'squat triangle이다. 이 삼각형의 꼭짓점인 팔분의 베타가 약 한 뼘 거리에 있는 북극을 가리키고 있다. 삼각형 바로 옆에는 소마젤란운과 대마젤란운이 있다. 이들 또한 천구 남극과 더불어 삼각형 모양을 형성하고 있다.

이들의 다른 편에서는 남십자자리의 감마 $^{\gamma\,Cru}$, Gacrux, 가크룩스와 알파 $^{\alpha\,Cru}$, Acrux, 아크룩스가 극을 가리키고 있다. 남십자자리는 자신만의 길잡이 표지별을 가지고 있다. 바로 근처에 있는 밝은 주극성 켄타우루스자리 일등성과 이등성이다. 가끔 가짜십자 성군False Cross이 남십자자리로 잘못 관측되기도 한다. 가짜십자 성군은 돛자리 델타 $^{\delta\,Vel}$, 돛 카파 $^{\kappa\,Vel}$, 용골자리의 요타 $^{\iota\,Car}$와

캔버라 주극성 한계[35°S]

웰링턴 주극성 한계[41°S]

정남 광각 시야 남쪽 주극성 하늘(왼쪽이 동쪽, 오른쪽은 서쪽). 바깥 원은 뉴질랜드의 수도 웰링턴에서 본 주극성 영역, 안쪽 원은 오스트레일리아의 수도 캔버라에서 본 주극성 영역. 양쪽에 모두 황도를 표시함(둘 다 주극성은 아님). 이 차트는 11월 1일(4am), 12월 1일(2am), 1월 1일(자정), 2월 1일(10pm), 3월 1일(8pm)과 관련 있음.

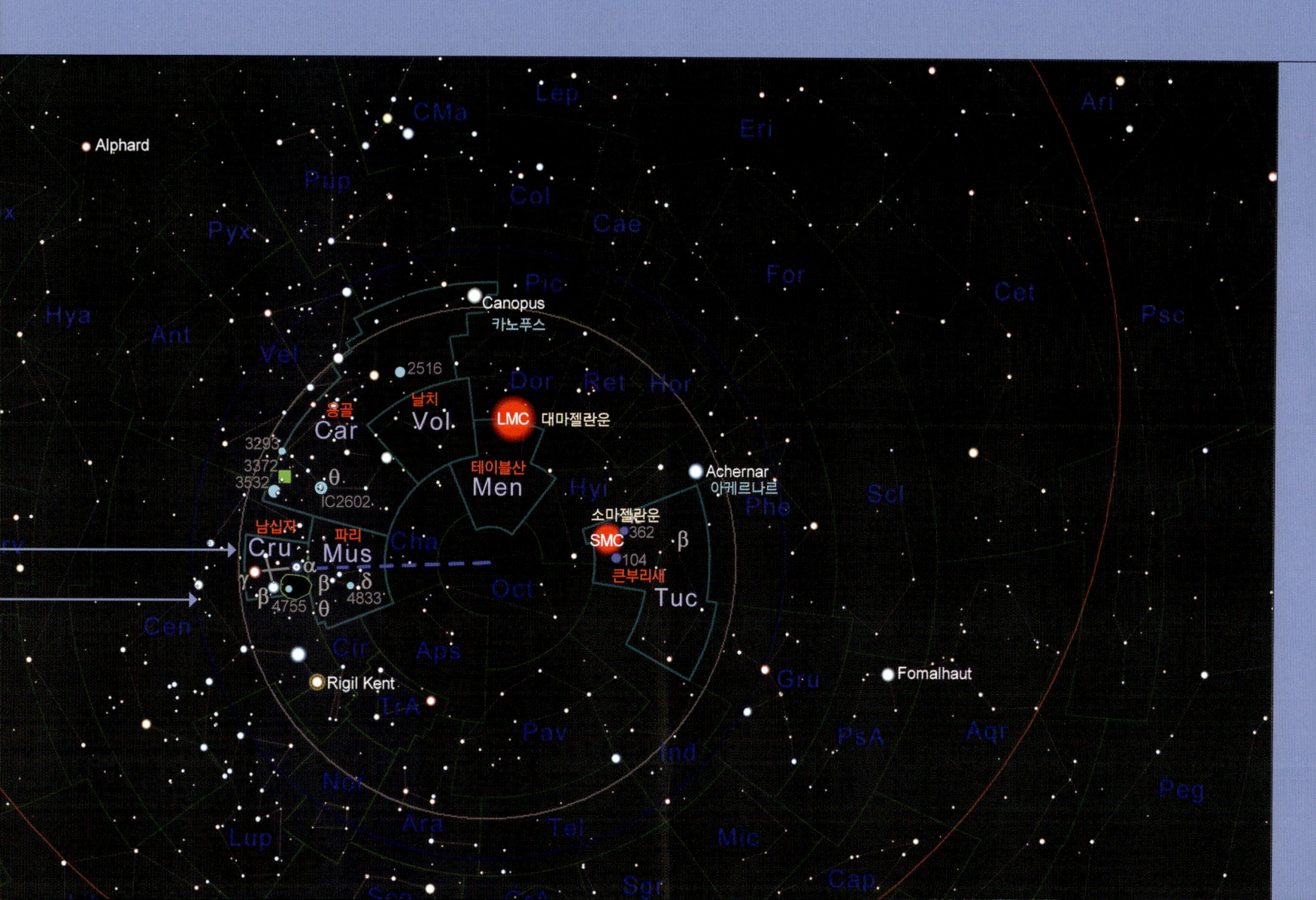

엡실론ℇCar으로 이루어져 있으며 이들은 극을 가리키지 않는다.

남쪽 주극성 하늘은 뚜렷하게 두 쪽으로 나뉜다. 한쪽에는 용골자리, 파리자리, 남십자자리, 켄타우루스자리, 남쪽삼각형자리가 은하수를 따라 흐르고 있다. 이 띠를 따라서 크고 밝은 용골 성운, 거대 구상성단 켄타우루스 오메가, 남십자성의 찬란한 '보석상자Jewel Box cluster, NGC 4755'를 비롯해 갖가지 멋진 성단과 성운들이 발견된다.

다른 한쪽은 장관을 이루는 별자리들이 드물고, 한줌의 밝은 별들이 군데군데 흩어져 있다. 가장 주목할 만한 별은 용골자리의 카노푸스canopus, 용골자리 α성의 고유명, 에리다누스자리의 일등성 아케르나르Achernar이다. 공작자리, 극락조자리, 카멜레온자리, 테이블산자리, 물뱀자리, 큰부리새자리, 인디언자리가 극 바로 옆에 있는 팔분의자리 주위를 감싸고 있다. 이들은 모두 눈에 띄게 밝지는 않지만 어두운 지역에서 관찰하면 볼 수 있다.

남쪽 하늘에는 눈에 잘 보이는 멋진 별자리들이 많지는 않지만 이를 보상하고도 남는 멋진 천체가 있다. 바로 소마젤란운과 대마젤란운이다. 이들은 가을에 남쪽 지평선 위로 특정한 모양 없이 높이 떠오르는 환상적인 은하들이다. 쌍안경과 망원경으로 관측하면 이 두 개의 유사-은하 이웃들이 그 장엄함을 드러내는데, 황홀한 타란툴라성운Tarantula Nebula, 대마젤란운 속에 보임을 비롯해 수많은 태양계 밖 보물들이 담겨 있다.

큰부리새자리

TUC/TUCANAE
9월 중순 자정에 남중

큰부리새자리는 가장 흥미로운 남쪽 주극성 별자리 중 하나다. 이 별자리는 주요 별들이 밝지 않아 맨눈으로 관찰하기는 어렵다. 하지만 위치는 쉽게 식별되는데, 이의 북쪽과 북서쪽 하늘을 뒤덮고 있는 긴 띠 같은 소마젤란운이 있기 때문이다. 쌍안경으로 관찰하면 큰부리새 베타$^\beta$ Tuc가 4등성인 두 개의 아름다운 청색 별로 이루어진 쌍둥이 별임을 관찰할 수 있다. 또 다른 주목할 만한 이중성은 큰부리새 카파$^\kappa$ Tuc로, 5.1등급의 주성과 7.3등급의 부성으로 구성되며, 이들은 소형 망원경으로 분해된다.

소마젤란운은 우리 은하로부터 20만 광년 떨어진 조그만 불규칙은하irregular galaxy이다. 맨눈으로 보면 손가락 두 마디 폭의 타원형 발광체 조각으로 보인다. 하지만 쌍안경이나 소형 망원경으로 훑어보면 멋진 모습이 드러난다. 이의 남쪽 가장자리에는 두 개의 밝은 구상성단이 있다. 큰부리새자리에 있는 구상성단 큰부리새 47^{47} Tuc, NGC 104은 매우 큰 구상성단으로, 광학장비의 도움 없이는 볼 수 없으며 쌍안경으로 보면 영롱한 빛을 발하고 있다. 보름달 겉보기 지름 크기의 이 성단은 켄타우루스자리의 오메가성$^\omega$ Cen 못지않은 장엄함을 뽐내고 있다. 이 근처에는 밝고 아름다운 또 다른 구상성단인 NGC 362가 있다. 이 성단은 맨눈으로도 볼 수 있다. 이러한 구상성단은 소마젤란운보다 우리 은하수에 훨씬 가까이 있어 눈에 잘 띄는 천체들이다.

광각 시야로 바라본 은하수 남쪽(오른쪽), 마젤란운(왼쪽), 뉴질랜드에서 DSLR 카메라로 5분 5회 노출 합성.

테이블산자리

 MEN/MENSAE
12월 중순 자정에 남중

테이블산자리에는 밝은 별들이 드물다. 게다가 모두 5등성 이하이기 때문에 맨눈으로 볼 수 있는 별은 하나도 없다.

테이블산자리의 위치를 찾아내기는 어렵지 않다. 대마젤란운의 남쪽 부분에서 시작해 천구 남극에서 불과 몇도 떨어진 데까지 이르기 때문이다. 이 대마젤란운의 남쪽 부분은 작고 희미한 산개성단이 무수히 흩어져 있어서 중배율의 망원경으로 감상하면 아름다운 모습을 볼 수 있다.

대마젤란운, 우주비행사 도널드 페팃(Donald Pettit)이 국제우주정거장에서 촬영한 이미지.

남십자자리

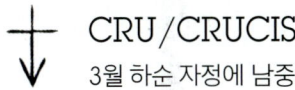

CRU/CRUCIS
3월 하순 자정에 남중

남십자자리는 가장 작은 별자리이기는 하지만, 강렬한 별들을 여러 개 가지고 있다. 가장 밝은 4개의 별, 즉 남십자 알파, 베타, 감마, 델타 α Cru, β Cru, γ Cru, δ Cru는 그 유명한 십자가 모양을 만든다. 6° 떨어져 있는 남십자 알파와 감마는 천구 남극을 가리키고 있으며, 팔분의자리와는 27° 떨어져 있다. 매혹적인 은하수가 남십자자리를 전부 감싸며 배경을 이루고 있다.

소형 망원경으로 관찰하면, 1.3등급과 1.8등급의 쌍둥이 같은 두 별이 아주 가까이 짝을 이루고 있는 청색 이중성 남십자 알파 α Cru를 관찰할 수 있다. 또 다른 주목할 만한 이중성은 남십자 뮤 μ Cru로, 4등급과 5.1등급 별들이 멀리 떨어져 짝을 이루고 있다.

석탄자루 성운암흑 성운, coalsack nebula은 너비가 4°에 이르는 암흑 조각으로, 윤곽이 뚜렷하며 남십자자리의 남동 사분 전체를 뒤덮고 있고, 파리자리Musca, 천구 남쪽의 작은 별자리. 남십자자리와 카멜레온자리 사이에 있다와 켄타우루스자리를 살짝 침범하고 있다. 은하수를 관통하며 마치 구멍을 내고 있는 것처럼 보이지만, 사실은 고립된 먼지 구름이 눈부신

남십자자리와 석탄자루 성운, DSLR 카메라로 촬영.

은하수를 배경으로 실루엣을 드리우고 있는 상태다. 석탄자리 성운의 바로 북쪽으로 남십자 카파 κ Cru 주위를 도는 황홀한 성단인 NGC 4755보석상자가 빛나고 있다. 맨눈으로 보면 운무 점같이 보이지만, 소형 망원경으로 보면 다양한 색상을 자랑하는 빛나는 별들의 쇼를 감상할 수 있다. 가장 밝은 별은 마치 오리온자리의 세 별오리온 벨트의 축소판 같은 패턴을 보여준다.

파리자리

 MUS/MUSCAE
3월 하순 자정에 남중

사실 파리자리는 파리 모양이 아니라 두루미자리의 축소판처럼 생겼다. 남십자자리 바로 남쪽에 있는 꽤 밝은 별들이 모여 이룬 별자리이기 때문에 쉽게 식별할 수 있다. 은하수의 밝은 영역에 걸쳐 있는 파리자리는 쌍안경으로 느긋이 감상할 줄 아는 별지기에게 특별한 즐거움을 선사한다. 파리 베타$^{\beta\ Mus}$는 3등급과 4등급의 청색 별이 가까이 짝을 이루고 있으며, 100mm 망원경으로 분리할 수 있다. 이보다 쉽게 분리되는 이중성은 파리 세타$^{\theta\ Cru}$로 5등성, 7등성의 청색 별로 이루어져 있다.

파리 델타$^{\delta\ Cru}$의 0.5° 북쪽 근방에 있는 NGC 4833$^{Southern\ butterfly}$, 남쪽나비 성단은 쌍안경을 통해 보면 흐릿한 작은 점처럼 보이며, 150mm 망원경으로 쉽게 분해할 수 있다. 이 성단의 양쪽으로 분해되지 않은 희미한 별들이 여러 개의 고리를 형성하고 있는데, 이들은 마치 나비처럼 보이기도 한다. 이 성단은 종종 전갈자리의 나비 성단M6과 비교되는데, 하늘 높이 떠 있는 두 성단을 동시에 볼 수 있는 경우가 많다.

찬란한 별들이 보석처럼 반짝거리는 파리자리의 남쪽나비 성단. 허블우주망원경으로 근접 촬영한 이미지.

용골자리

CAR/CARINAE
2월 초순 자정에 남중

용골자리는 남쪽 주극성 영역의 약 **40°**에 걸쳐 펼쳐져 있는 매우 크고 넓은 별자리다. 서쪽의 용골 알파α Car, 카노푸스에서 시작해 은하수의 찬란한 별빛에 휩싸여 있는 동쪽 스타필드까지 닿아 있다. 용골자리의 밝은 별들이 이루고 있는 윤곽은 돛자리의 남쪽을 돌고 있다. 바로 이 지점에 용골자리와 돛자리의 별들이 만드는 가짜십자 성군이 있는데, 종종 남십자성으로 착각되기도 한다.

NGC 3372, NGC 3532를 비롯해 용골 에타를 감싸고 있는 장엄한 성운의 모습.

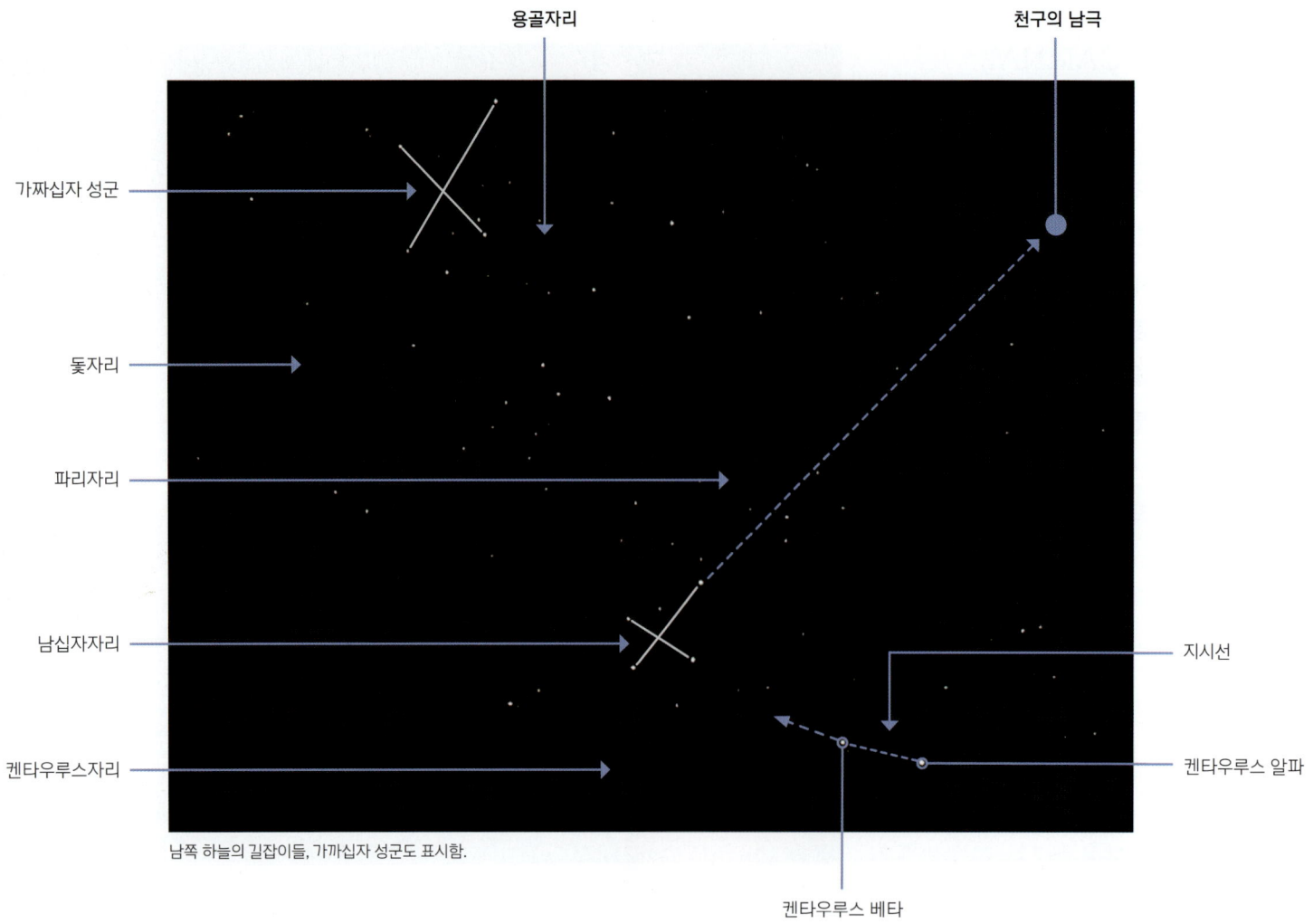

남쪽 하늘의 길잡이들, 가까십자 성군도 표시함.

용골 에타η Car는 한때 -1등급까지 불꽃을 피웠던 예측 불가능한 변광성이다. 용골 에타는 NGC 3372$^{Keyhole\ Nebula,\ 열쇠구멍\ 성운\ 혹은\ 용골\ 성운}$ 내부에 잠겨 있는데, 이 성운은 맨눈으로도 쉽게 보이는 매우 큰 무정형성운^{부정형성운}이다. NGC 3372는 대략 2° 너비, 즉 달의 겉보기 지름의 4배 크기로, 남쪽 하늘에서 가장 장엄하게 빛나는 태양계 밖 천체이다. 쌍안경과 소형 망원경으로 보면, 이 성운의 구조를 자세히 관찰할 수 있다. 망원경으로 관찰하면, 밝은 성운성 무리들이 띄엄띄엄 있는데, 이들에서 흘러나온 가느다란 가닥들이 서로 뒤엉켜 무수히 많은 짧은 암흑 띠들을 형성하고 있으며, 수십 개의 별들이 후추처럼 박혀 있다. 여기서 열쇠구멍 성운이란 성운의 전반적 모습이 아니라 용골 에타 근처에 있는 성운 내 암흑 영역의 모양만을 가리킨다.

용골 에타 바로 근처에 맨눈으로 어렴풋이 볼 수 있는 태양계 밖 천체들이 여럿 있다. 우선 동쪽으로 2° 떨어진 곳에 산개성단 NGC 3532가 있다. 8등성부터 12등성까지 엄청난 별들이 모여 있는 아름다운 성단이며, 하늘에서 볼 수 있는 가장 멋진 산개성단 중 하나로 꼽힌다. 이 성단의 동쪽 가장자리에 3등성의 황색 초거성인 용골 키χ Car가 있는데, 사실 우리와는 너무나 멀리 떨어진 천체다.

그 근처의 NGC 3293은 다소 작은 산개성단이며, 경이롭게도 청색과 적색의 별들이 혼합되어 있다. 이 남쪽으로 약간 내려가면 IC 2602$^{southern\ pleiades,\ 남쪽\ 플레이아데스\ 성단}$이 있는데, 용골 세타$\theta$ Car 주위에 펼쳐진 밝은 별들의 집결체로 맨눈으로도 다수의 별들을 볼 수 있어 별지기들을 황홀하게 만든다.

용골자리의 서쪽 영역에 있는 NGC 2516은 보름달 크기만 한 면적을 차지하고 있으며, 광학장비 없이도 볼 수 있는 또 다른 멋진 산개성단이다. 쌍안경으로 보면 80여 개의 밝은 별들이 도드라지게 십자 모양으로 배열되어 있으며, 특히 두 도끼가 교차하는 지점에 집중적으로 별이 모인 듯이 보인다.

남반구의 여름 별(1월 1일, 자정)

남반구에서 바라본 여름 하늘에는 북쪽 지평선과 남쪽 지평선에 대해 가파르게 올라 있는 은하수가 보인다. 성단과 성운으로 빼곡한 은하수가 하늘에 펼쳐져 있다. 은하수는 이제 막 북서쪽으로 가라앉는 마차부자리에서 시작해, 목을 길게 빼고 천정 가까이 높이 솟은 고물자리를 지나서, 남동쪽 지평선 위로 떠올라 있는 직각자자리까지 닿아 있다.

용골자리의 빛나는 카노푸스는 남쪽 하늘에서 이의 최고 높이, 즉 천정 바로 한 뼘까지 올라 있다. 카노푸스와 남극 사이에 은하수의 최대 위성 은하인 대마젤란운이 지평선 위로 자신의 최고 높이에 올라 있다. 한편 살짝 덜 장엄한 이의 형제 은하 소마젤란운은 천구 남극의 오른편에 있다가 가까이 있는 에리다누스자리 알파성 아케르나르를 뒤따라 서서히 떨어지고 있다.

공작자리는 남쪽에 낮게 걸려 있으며, 공작 알파 α Pav는 지평선 위로 겨우 몇 도 떨어져 있다. 한편 그 아래로 망원경자리가 가까스로 이의 반절을 드러내고 있다. 인디언자리, 두루미자리, 큰부리새자리, 봉황자리가 발꿈치에 힘을 주며 주극 무풍대를 향해 뒤따라 하강하고 있다. 조각가자리가 남서쪽의 남쪽물고기자리의 포말하우트를 뒤따르고 있고, 서쪽 고래자리는 크게 팽창하고 있다. 동시에 켄타우루스 알파와 베타, 남십자성 같은 밝은 별들은 남동쪽에서 더욱 높이 오르고 있고, 켄타우루스자리는 지평선 위로 온전히 올라섰다. 그 위로 찬란한 돛자리와 용골자리가 높이 떠서 남동쪽 하늘을 제압하고

캔버라 주극성 한계

웰링턴 주극성 한계

지평선에서 천정까지의 남쪽 여름 하늘, 정북(왼쪽이 서쪽, 오른쪽은 동쪽). 웰링턴에서 본 지평선[41°S], 캔버라에서 본 지평선[35°S]과 황도를 표시함. 이 차트는 11월 1일(4am), 12월 1일(2am), 1월 1일(자정), 2월 1일(10pm), 3월 1일(8pm)과 관련 있음.

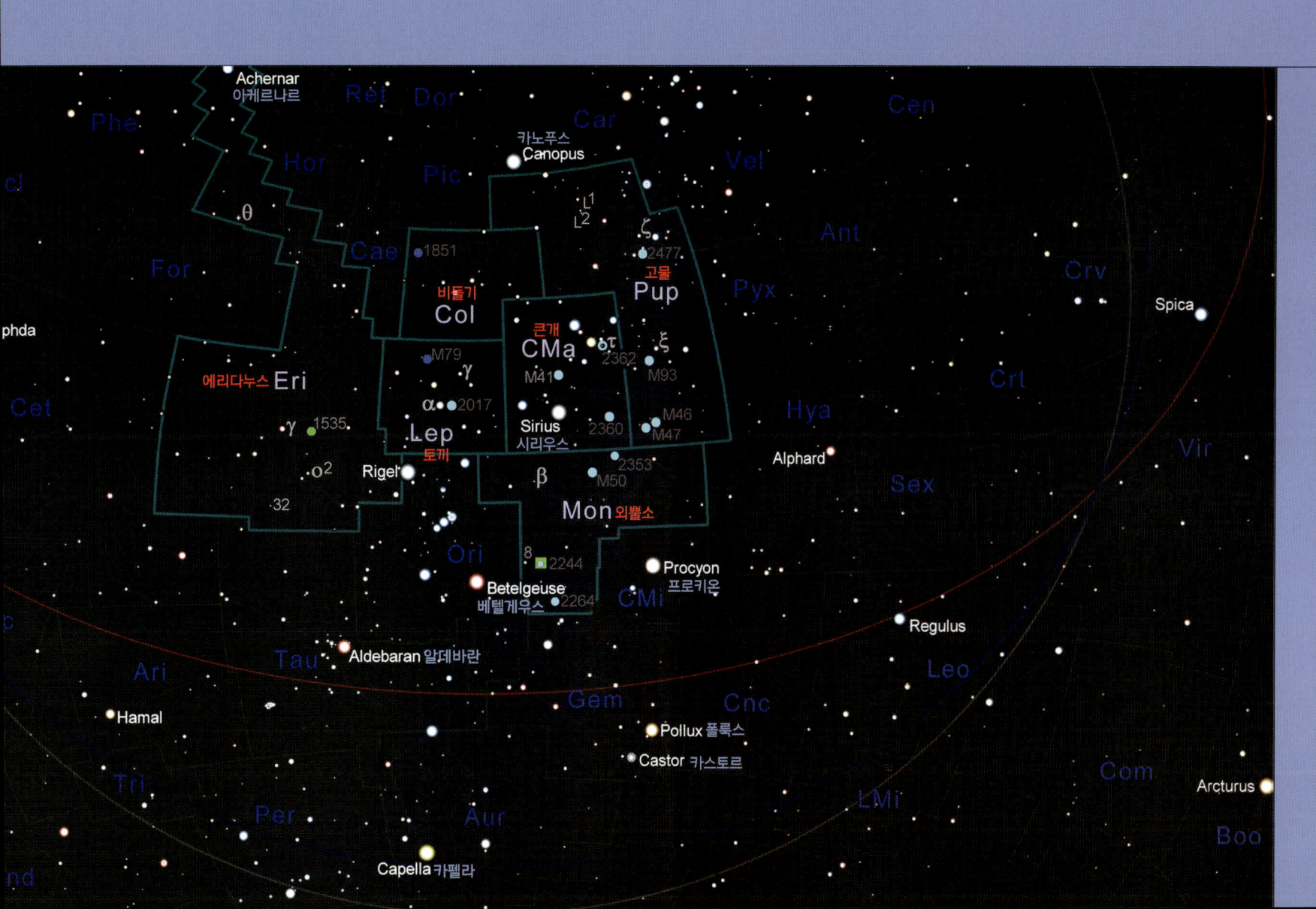

에리다누스자리

있다.
북쪽 하늘은 총총히 박힌 별들의 최대 전성기를 맞이하고 있다. 오리온자리는 높이 달리고 있고, 하늘에서 제일 밝은 시리우스를 앞세우고 큰개자리가 뒤따라 달리며, 이어서 프로키온작은개자리의 알파성과 작은개자리가 뒤를 잇고 있다. 북서쪽에는 양자리, 황소자리, 플레이아데스 성단이 낮게 걸려 있고, 쌍둥이자리의 카스토르와 폴룩스가 그 뒤를 잇고 있으며, 북동쪽에서 게자리와 사자자리가 올라오고 있다. 북쪽 지평선을 스치듯 지나고 있는 마차부자리의 일등성 카펠라를 가까스로 볼 수 있다. 희미한 화가자리와 조각칼자리의 뒤를 이어 비둘기자리가 천정을 탈환하고 있다. 오리온자리의 남서쪽으로, 비교적 별이 없는 에리다누스자리와 화로자리가 커다란 띠로 하늘을 감싸고 있고, 이어서 거대한 고래자리가 서쪽 지평선 아래로 거꾸러지기 시작하고 있다. 동쪽에서는 바다뱀자리가 하늘을 가로지르며 이제 막 지평선 전체를 뒤덮을 태세다.

 **ERI / ERIDANI**
11월 후순 자정에 남중

천구 적도에서 늘어나기 시작해 **-58°**까지 기울어 있는 에리다누스자리는 황소자리의 남쪽 경계에서부터 물뱀자리의 북쪽 경계에 이르는 대형 별자리다. **0.5등급**의 에리다누스 알파성 아케르나르는 고온의 청색 별로, 아주 멀리 떨어져 있지만 매우 밝은 별이다. 쌍안경으로 보면 한 줄을 이루고 있는 **9개**의 별이 보인다. 이들은 모두 황소자리 별들이며 **18°**에 걸쳐 펼쳐져 있다. 북위 **32°** 남쪽에서 관찰해야 별자리 전체를 볼 수 있다.

에리다누스 세타$^\theta$ ^{Eri}는 3.2등급과 4.3등급으로 구성된 사랑스러운 청색 이중성이며, 소형 망원경으로 관찰할 수 있다. 에리다누스 오미크론 2^{o2} ^{Eri}는 4.4등급의 황색 주성과 9.5등급의 백색왜성으로 구성된 이중성이다. 이 백색왜성은 11등성의 적색왜성 부성이 있는데, 100mm 망원경으로 관찰할 수 있다.
에리다누스의 이중성 중 가장 아름다운 색깔을 자랑하는 에리다누스 32^{32} ^{Eri}는 4.8등급의 황색 주성과 6.1등급의 청록색 부성으로 구성되어 있다.
에리다누스자리는 큰 규모에 비해 밝은 별이 많이 없는 편이다. 가장 빛나는 별은 '클레오파트라의 눈'이라고 불리는 NGC 1535로, 에리다누스 감마γ Eri의 동쪽으로 4° 떨어져 있는 행성상 성운이다. 소형 망원경으로 관찰하면, 이의 9등성 초록 구체와 일부 구조가 보이고, 중심에 있는 별은 150mm 망원경으로 관찰이 가능하다.

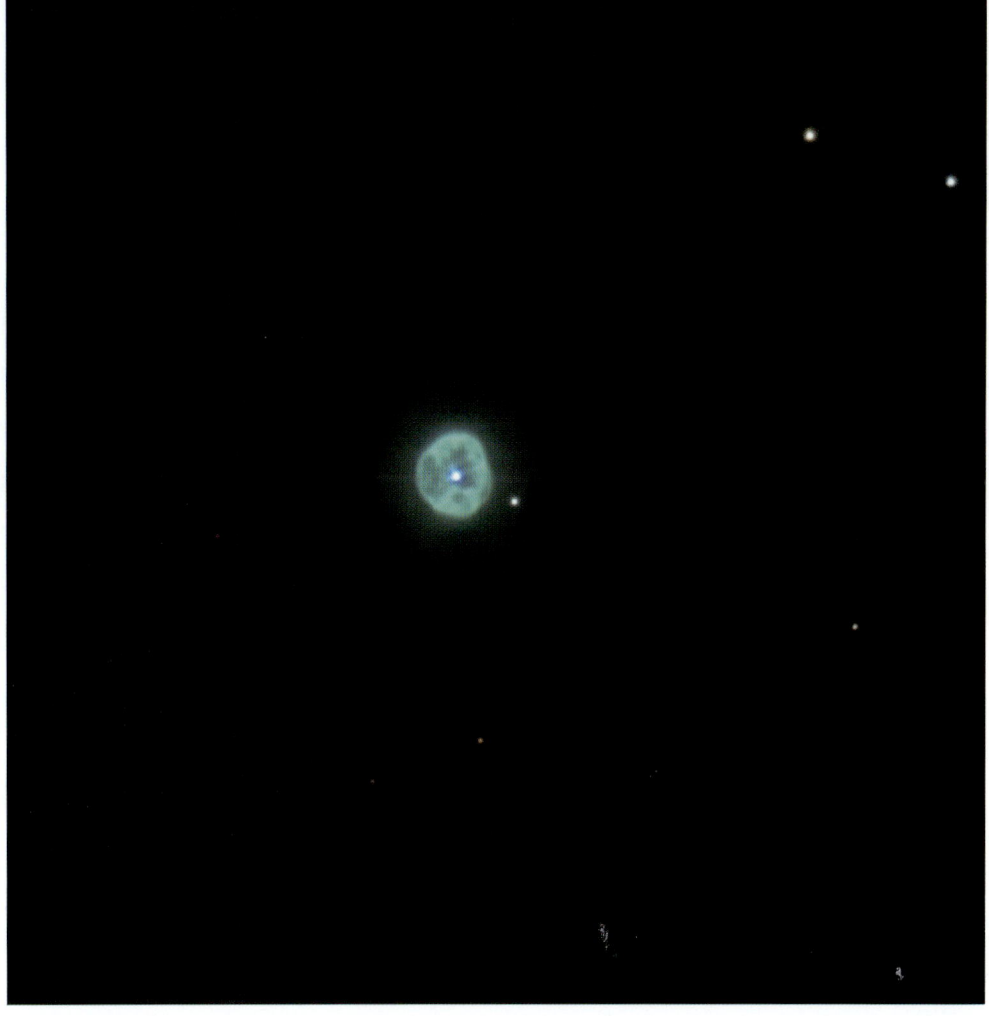

'클레오파트라의 눈'이라 불리는 NGC 1535, 에리다누스 자리에 있는 매우 밝은 행성상 성운.

토끼자리

LEP / LEPORIS
12월 중순 자정에 남중

오리온자리의 발에 위치한 토끼자리는 꽤 밝은 별자리이다. 마치 폭이 넓은 나비넥타이같이 생긴 이 별자리는 남쪽에서 시작해 높이 올라 있다. 하지만 북반구 온대지역에서도 쉽게 찾아낼 수 있을 만큼 밝다. 소형 망원경으로 관찰하면, 3.6등급의 황색 주성과 6.2등급의 주홍색 부성으로 구성된 이중성 토끼 감마γ Lep를 분해할 수 있다.

아름다운 별들이 모여 있는 NGC 2017은 토끼 알파α Lep의 동쪽으로 1.5° 떨어져 있으며, 소형 망원경으로 6개의 별을 분해할 수 있다. 그 가운데 네 개의 별은 유난히 돋보인다. 고배율의 대형 망원경으로 면밀히 관찰하면 몇몇은 서로 가까이 짝을 이룬 이중성임을 발견할 수 있다. 별들이 무성한 토끼자리의 남쪽에 촘촘한 구상성단 M79가 환상적인 모습으로 있다. 200mm 망원경으로 이 성단의 밝은 별 다수를 관찰할 수 있으며, 핵 가까이까지 관찰할 수 있다. 이 성단은 다른 대부분의 구상성단 핵만큼 밝거나 촘촘하지 않다.

토끼자리의 구상성단 M79.

비둘기자리

 **COL/COLUMBAE**
12월 후순 자정에 남중

비둘기자리는 조그맣고 특이한 게 없는 별자리지만, 시리우스와 카노푸스 사이에 위치한 덕분에 비교적 쉽게 찾을 수 있다. 이 별자리의 주요 별들은 사인 곡선을 이루며 동쪽에서 서쪽으로 이어진다. 그중 가장 밝은 별 3등급의 비둘기 알파α Col, Phakt, 팍트는 B형 초거성이며 희미한 쌍성 짝이 있다. 폭주성暴走星, Runaway star, 우주 공간을 다른 항성들에 비하여 비정상적으로 빠르게 움직이는 별으로 알려진 비둘기 뮤μ Col는 맨눈으로 관찰되는 O-형의 별로, 다음과 같은 놀라운 특징이 있다. 즉, **200만 년도** 훨씬 전에 오리온 성운의 사다리꼴 성단에서 중력적 슬링쇼트Slingshot, 급속 가속 주행에 의해 발사된 별이라고 여겨지고 있다. 마차부 **AE** AE Aur와 양자리 **53** 53 Ari도 이때 같이 발사되었다.

비둘기자리는 태양계 밖 천체 관측의 전문감정 별자리다. 이를 제대로 감상하려면 깜깜한 하늘과 대형 망원경이 필요하기 때문이다. 물론 소형 망원경으로도 다수의 천체를 관찰할 수는 있다. 7등성의 촘촘한 구상성단 NGC 1851은 비둘기자리의 남서쪽 구석에서 발견되는데, 이상적인 조건에서 150mm 망원경으로 핵까지 관찰이 가능하다. 하늘에서 가장 귀여운 작은 산개성단 NGC 1963은 비둘기 알파성의 남서쪽으로 3도 내에서 발견된다.

비둘기자리의 작지만 아름다운 산개성단 NGC 1963과 가장자리 은하 IC 2135.

외뿔소자리

8등성에서 11등성 사이의 수십 개의 별들로 구성된 이 성긴 산개성단은 숫자 3과 같은 모양을 이루고 있다. 존 허셜에 따르면 활 모양이다. 약 10'(아크분)에 걸쳐 펼쳐져 있는 NGC 1963은 13등성의 가장자리 은하 IC 2135와 매우 가까이 있다. 비둘기자리에는 희미한 은하들이 풍부한데, 그중 가장 밝은 은하는 서쪽 모서리 근처에 있는 10등성의 이중 은하 NGC 1792와 NGC 1808이다.

비둘기자리는 천문학자들에게는 태양배점반향점, solar antapex으로 잘 알려져 있다. 배점이란 행성 가족, 소행성, 혜성을 보유한 우리 태양이 시속 6만 킬로미터로 정확히 멀어지고 있는 지점을 말한다. 태양향점solar apex은 우리가 태양을 향해 이동하는 듯이 보이는 지점으로, 천구에서 정확히 반대편, 즉 베가의 남서쪽 헤르쿨레스자리이다.

MON / MONOCEROTIS
1월 초순 자정에 남중

은하수 일부를 등에 지고 오리온자리의 동쪽에 아무렇게나 뻗어 있는 외뿔소자리는 도심에서는 관찰할 수 없는 별자리이다. 주요 별들이 모두 희미하기 때문이다. 외뿔소 베타$^\beta$ Mon는 눈부신 삼중성으로, 3.8등급, 5등급, 5.3등급의 청색 별로 이루어져 있으며, 소형 망원경으로 쉽게 분해된다. 외뿔소 8$^\delta$ Mon은 4.4등급의 황색 별과 6.7등급의 청색 별로 이루어진 이중성이다.

외뿔소 S^S Mon는 7.6등급의 부성이 있는 밝은 청색 별로, NGC 2264the Christmas Tree Cluster, 크리스마스 성단 내에 위치한다. 이 밝은 성단은 쌍안경으로 쉽게 관찰할 수 있다. 이의 남서쪽에 로제타 성운Rosette Nebula이 있다. 로제타 성운은 수십 개의 별들로 구성된 밝은 성단 NGC 2244에 대해 희미한 배경이 되는 성운이다. 로제타 성운은 대형 쌍안경으로 희미하게 볼 수 있지만, 고배율의 대형 망원경으로 보면 비교할 수 없을 만큼 분명히 볼 수 있다.

심장모양 성단Heart-Shaped Cluster, M50은 약 30개의 꽤 밝은 별들과 동량의 희미한 별들이 모여 있는 규모 있는 성단이며, 150mm 망원경으로 쉽게 분해된다. 이의 남동쪽으로 3° 떨어진 부근에 다소 작은 성단인 NGC 2353이 있으며, 쌍안경으로 관찰할 경우 한눈에 들어온다.

125

CCD 카메라(톰티 사용)로 촬영.
100mm 굴절 망원경 + 냉각
이름 모자이크 모자이크 합성.

큰개자리

 ## CMA/CANIS MAJORIS
1월 초순 자정에 남중

큰개자리는 가장 밝고 알아보기 쉬운 별자리에 속한다. -1.5 등급의 눈부신 큰개 알파별 시리우스α Cmα는 하늘에서 가장 빛나는 별이다. 오리온 벨트에서 남동쪽으로 일직선을 따라가면 발견된다. 남쪽 여름, 하늘 높이 떠 있는 시리우스는 눈이 시릴 정도로 밝게 빛나는 천체다. 북반구 중위도 온대지역에서 바라보면, 시리우스가 높이 떠오른 적은 거의 없지만 이의 화려한 섬광만큼은 강렬할 때가 많다. 섬광의 생생함을 지표로 삼아 대기의 관찰 상태를 파악하기도 한다.

시리우스는 쌍성으로 유명한데, 희미한 백색왜성 시리우스 B 부성이 있다. 이들은 50년 주기로 서로를 순환한다. 1990년대 가장 가깝게 돌았으며, 지금은 점점 멀어지는 중이다. 2020년대 전반에 가장 멀어져 약 10"(아크초)로 벌어지게 된다. 그때가 되면 소형 망원경으로 쉽게 관찰할 수 있을 것이다. 하지만 -1.5등급의 찬란한 시리우스가 8등성의 시리우스 B를 관찰하는 데 최대 걸림돌이 된다. 한 가지 방법은 벽과 같은 먼 천체 뒤로 사라지는 시리우스를 따라가는 것이다. 즉 시리우스 빛이 약해지면, 시리우스 B가 시리우스 동쪽으로 순간적으로 보이는 것이다. 물론 그러고 나선 곧바로 사라져 버린다.

시리우스의 남쪽으로 약 4° 떨어진 곳에 밝은 산개성단인 작은 벌집 성단 Little Beehive, M41이 있다. 맨눈으로 보면 마치 4등성 얼룩처럼 보인다. 중저 배율의 소형 망원경으로 관찰하면 천체의 장엄함이 드러난다. 여러 별들이 분해되며, 이들은 보름달 너비 정도의 영역을 차지하고 있다. 이들 대다수는 구불구불한 선을 따라 배열되어 있거나 쌍을 지어 무리를 이루고 있다.

큰개자리의 동쪽 영역은 은하수가 점령하고 있는데, 이 한가운데 아름다운 산개성단 NGC 2360과 NGC 2362가 있다. NGC 2360은 수십 개의 하위 11등성 별들이 고르게 퍼져 있고, 좀더 밝은 별들이 이를 반으로 가르며 구불구불한 선을 그리고 있다. 이 놀라운 광경은 중배율의 150mm 망원경으로 관찰할 수 있다. NGC 2362는 약 60개의 별들이 4등성의 큰개 타우τ Cmτ를 에워싸며 촘촘히 밀집되어 있다.

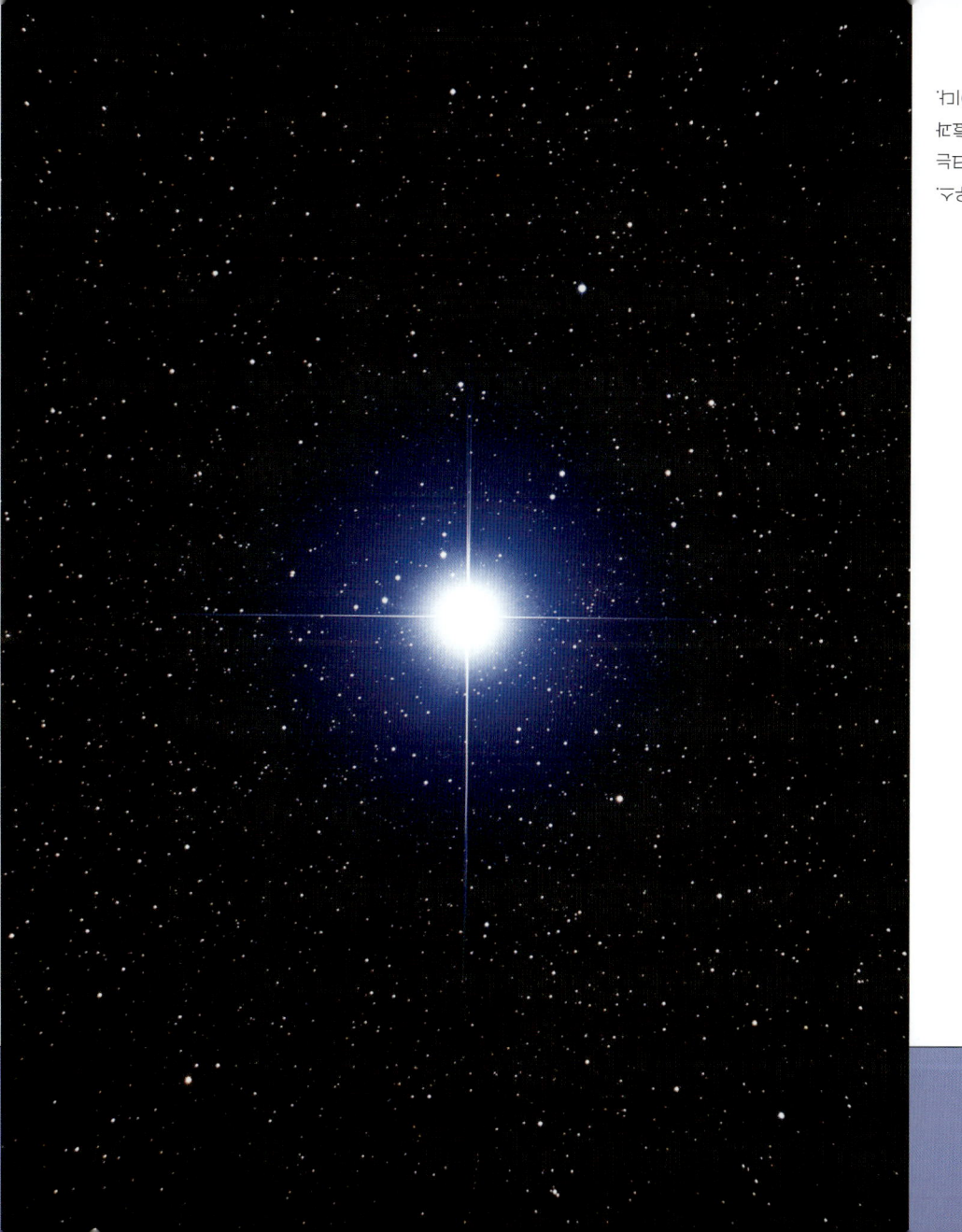

하늘에서 제일 밝은 별, 시리우스.
이 사진의 십자형 스파이크는
망원경에 의한 광학효과와
별 면에 불규칙한 것이다.

고물자리

PUP/PUPPIS
1월 중순 자정에 남중

고물자리는 큰개자리의 동남쪽에 있는 커다란 별자리로, 용골자리의 북쪽 경계를 향해 약 **40°** 기울어져 남쪽에 펼쳐져 있다. 은하수가 가운데로 지나가는 고물자리는 밝은 산개성단들이 빼곡히 담겨 있다. 쌍안경으로 이 영역을 관찰하다 보면 시간가는 줄 모르고 별지기만의 즐거움을 누릴 수 있다.

고물 L1$^{L1\ Pup}$과 고물 L2$^{L2\ Pup}$는 광학적 이중성으로, 맨눈으로 쉽게 분리된다. 고물 L2는 거대한 적색 변광성으로 약 141일에 걸쳐 2등성에서 6등성 범위를 오간다.

고물자리의 북쪽으로 1° 떨어진 곳에 멋진 산개성단 쌍을 이루는 M46과 M47이 있으며, 이는 쌍안경으로 쉽게 관찰된다. 소형 망원경으로 M46을 관찰하면 수십 개의 별들을 분해할 수 있으며, 150mm 망원경으로 성단의 중심 영역을 관찰하면 수많은 별들이 보인다. 둘 중에 더 밝은 M47은 맨눈으로 보면 어렴풋이 보이며, 소형 망원경으로 보면 수십 개의 별들이 거의 동일한 밝기로 빛나고 있다. 중심에는 쉽게 관찰되는 이중성이 있다. 쌍을 이루는 이 두 성단의 정남쪽으로 약간 떨어진 곳에 더 작고 덜 화려한 M93이 있다. 이 성단은 고물 크시$^{\xi\ Pup}$ 근처에서 쉽게 발견된다. 눈부시게 빛나는 청색

별 고물 제타$^{\zeta\ Pup}$의 서쪽에 있는 산개성단 NGC 2477은 맨눈으로 겨우 가려낼 수 있다. 보름달 지름의 두 배 크기인 이 성단에는 온갖 색깔의 밝은 별들이 수없이 있어서 쌍안경이나 저배율 망원경으로 관찰하면 더할 나위 없이 즐거움을 누릴 수 있다.

고물자리의 산개성단
NGC 2477.

남반구의 가을 별(4월 1일, 자정)

동쪽 지평선을 딛고 가파르게 올라 있는 은하수는 방패자리와 궁수자리에서 시작해, 남쪽 높이 뜬 전갈자리와 남십자자리를 지나고, 이어서 돛자리와 고물자리를 지나 서쪽 낮게 걸린 외뿔소자리로 떨어지며 아치를 이루고 있다. 파리자리와 남십자자리는 남쪽에서 이의 최고점을 찍고 있으며, 켄타우루스자리의 지극성 리겔 α Cen과 하다르 β Cen가 그 뒤를 잇고 있다.

한편, 큰부리새자리와 소마젤란운은 남쪽 지평선에서 낮게 떠 있고, 에리다누스자리의 남쪽 경계 근처에 있는 아케르나르가 그 뒤를 좇으면서 흐린 지평선 근방에 자신의 별빛을 섬광처럼 번득이는 용기를 발휘한다. 대마젤란운은 카노푸스와 함께 천구 남극의 오른쪽에서 회전하고 있다. 큰개자리가 남쪽 지평선에 다가가고 있지만 시리우스는 여전히 저녁 하늘에서 단연 돋보이는 표지판으로 남아 있다. 그 아래로 토끼자리가 남서쪽 지평선 아래로 파고 들어가고 있다. 남동쪽 하늘에서는 궁수자리가 활을 들고 전갈자리를 밀어내면서, 더 남쪽의 남쪽왕관자리, 망원경자리, 제단자리, 공작자리를 동반하고 더 높이 계속 오르고 있다.

천정에는 돛자리와 켄타우루스자리가 하늘을 폭넓게 차지하며 제멋대로 뻗어나가면서 가을 하늘을 굽어보고 있다. 북쪽을 바라보면 길게 늘어선 바다뱀자리는 북서쪽으로 가라앉고 있는 작은개자리와 게자리 사이에서 천상의 아치를 형성하고 있다. 그 아래로 천칭자리가 북동쪽 높이 떠 있다. 바다뱀자

캔버라 지평선 [35°S]

웰링턴 지평선 [41°S]

지평선에서 천정까지의 남쪽 가을 하늘, 정북(왼쪽이 서쪽, 오른쪽은 동쪽). 웰링턴에서 본 지평선[41°S], 캔버라에서 본 지평선[35°S], 황도를 표시함. 이 차트는 2월 1일(4am), 3월 1일(2am), 4월 1일(자정), 5월 1일(10pm), 6월 1일(8pm)과 관련 있음.

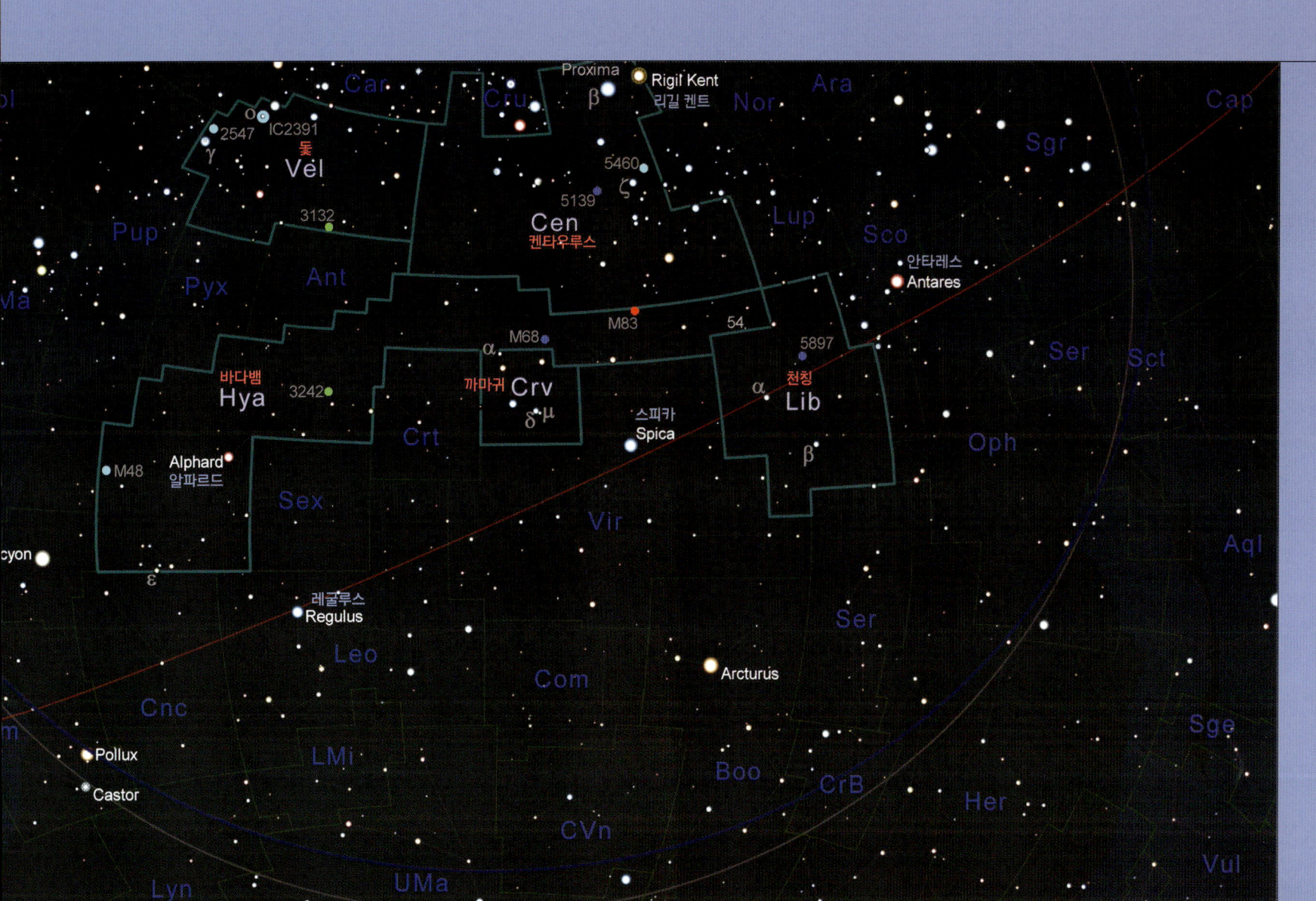

돛자리

리의 알파별 알파르드는 북서쪽에 높이 떠서 빛나는 표지 역할을 담당하고 있다.

북쪽 하늘 전체는 온갖 잡동사니 별들로 북적이는 은하수의 북쪽을 비교적 있는 그대로 보여주는 유리창 같다. 이를 통해 은하 간 공간, 은하들이 풍부한 사자자리, 머리털자리, 처녀자리를 엿볼 수 있다. 이들은 북쪽 하늘 중간 영역을 폭넓게 뒤덮고 있다.

프로키온은 서쪽 지평선을 향해 떨어지고 있으며, 레굴루스는 자오선을 지나 이동하고 있다. 동시에 아크투루스와 스피카는 북동쪽 하늘을 더 높이 올라가고 있다. 컵자리는 북쪽에서 이의 최고 높이에 올라 있고, 까마귀자리의 작은 주춧돌 성군이 이를 뒤따르고 있다. 머지않아 처녀자리가 자오선을 지날 것이다. 북쪽에 낮게 걸린 작은사자자리는 이제 전부 보이고, 큰곰자리의 남쪽 부분과 사냥개자리가 지평선 위로 떠오른다. 따라서 맨눈으로도 코르카롤리Cor Caroli, 사냥개자리 알파성를 지평선의 몇 도 위에서 찾을 수 있을 것이다. 눈부신 주홍색 별 안타레스Antares, 전갈자리에서 가장 밝은 별가 동쪽 높이 떠 있고, 그 아래 뱀주인자리는 지평선 위로 자신을 거의 다 끌어 올렸다.

 VEL/VELORUM
2월 중순 자정에 남중

이 커다란 별자리는 용골자리 북쪽 밝은 은하수 구역에 대부분 잠겨 있다. 대체적인 윤곽은 넓은 타원으로 어렵지 않게 찾을 수 있으며, 맨눈에도 쉽게 보이는 수십 개의 별들로 구성되어 있다. 한때 아르고Argo Navis라는 커다란 고대 별자리의 일부였기 때문에 구식 별 이름을 갖고 있다. 일등성은 없고, 가장 밝은 별은 돛 감마γ Vel다. 이 흥미로운 복성은 1.8등급과 4.3등급의 청색 별들로 구성되어 있으며, 소형 망원경으로 쉽게 관찰할 수 있다.

돛자리는 별빛으로 물든 은하 대양을 배경으로 자욱하게 피어오르는 모습으로 관찰된다. 은하 대양은 수많은 산개성단들이 빛을 발하고 있다. 조그만 쌍안경만 있다면, 누구라도 이 멋진 장관을 넋을 잃고 바라볼 수 있다. NGC 2547은 약 80개의 별들이 보름달보다 살짝 작은 면적을 덮고 있는 빛나는 보석상자다. 소형 망원경으로 관찰하면 이 안에 담긴 다양한 별 무리와 행렬들을 쉽게 가려낼 수 있다. 돛자리의 가장 밝은 성단 IC 2391은 돛 오미크론 ο Vel 근방에 있으며, 맨눈으로 보면 운무 조각처럼 보이지만, 소형 망원경으로 관찰하면 약 30개의 별들이 보인다.

돛자리의 북쪽 경계에 위치한 남쪽 고리 성운 NGC 3132는 아름답고 밝은 행성상 성운으로, 북쪽의 거문고자리 고리 성운을 닮았다. 이 성운의 핵인 10등성 별은 소형 망원경으로 확인할 수 있으며, 그 주위를 감싸고 있는 여러 개의 밝은 별들도 볼 수 있다.

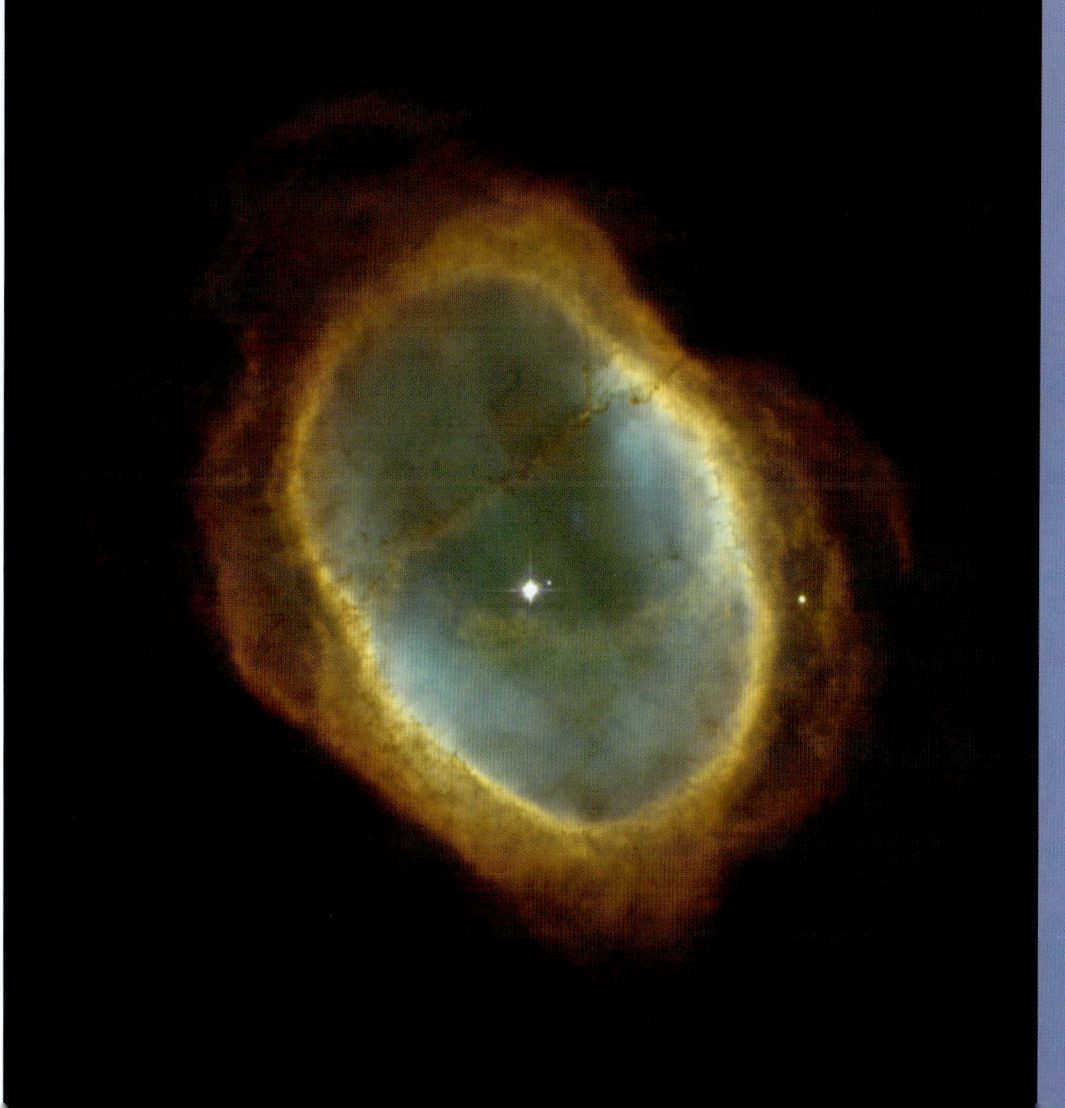

돛자리의 남쪽 고리
NGC 3132 성운,
허블우주망원경 촬영.

바다뱀자리

HYA/HYDRAE
3월 중순 자정에 남중

바다뱀자리의 정면에서 본 남쪽 바람개비은하.
250mm 반사 망원경 + 냉각 CCD 카메라로 촬영.

1,300제곱각이 넘는 넓은 면적을 덮고 있는 바다뱀자리는 별자리를 통틀어 가장 큰 별자리다. 그렇게 크지만 윤곽을 추적하기는 까다롭다. 오직 머리에만 3등성과 4등성의 밝은 별들이 꽉꽉 붙어 있으며, 길게 뻗은 손은 동쪽으로 프로키온까지 닿아 있고, 북쪽으로는 천구 적도에까지 닿아 있다. 이의 남서쪽에서 2등급의 바다뱀 알파$^{α\,Hyα}$를 추적할 수 있는데, 남쪽과 동쪽으로 깊이 파고든 물결 모양을 따라 여러 희미한 별들을 지나야 한다.

바다뱀자리의 북서쪽 경계 근처에 있는 바다뱀 엡실론$^{ε\,Hyα}$은 3.4등급의 황색 주성과 6.7등급의 청색 짝으로 이루어진 쌍성으로, 소형 망원경으로 관찰이 가능하다. 이의 반대편에서 남쪽 깊이 내려가면 5.1등급의 황색 주성과 7.2등급의 연보라색 부성으로 구성된 화려한 색상의 이중성 바다뱀 54$^{54\,Hyα}$가 주목을 끈다.

M48$^{Lawn\,Sprinkler,\,잔디\,물뿌리개\,성단}$은 쌍안경으로도 쉽게 찾을 수 있는 커다란 산개성단이다. 망원경으로 보면 꽤 밝은 별들이 흩뿌려져 있으며, 일부는 서로 가까이 쌍을 이루고 있다. M68은 시각적으로 매우 인상 깊은 밝은 구상성단이다. 200mm 망원경으로 관찰하면 신비한 검은 띠 조각과 큼직한 검은 흠집이 보인다. 이의 동쪽으로는 M83$^{남쪽\,바람개비은하}$이 있으며, 이 정면에서 본 막대 나선은하는 쌍안경으로 쉽게 볼 수 있다. 이는 또한 구조가 가장 쉽게 파악되는 은하에 속하는데 150mm 망원경으로 나선 형태가 모두 확인된다. NGC 3242는 커다란 청록색 원반 모양으로 빛을 발하고 있는 목성의 유령$^{Ghost\,of\,Jupiter}$ 은하로, 소형 망원경으로 관찰되는 가장 멋진 행성상 성운에 속한다. 150mm 망원경으로 관찰하면 이의 11등성 중심별을 쉽게 확인할 수 있다.

까마귀자리

CRV / CORVI
3월 하순 자정에 남중

까마귀자리는 조그만 별자리다. 그다지 밝지 않지만 깜깜한 날에는 3등성의 밝은 네 개의 별 까마귀 베타, 감마, 델타, 엡실론 $\beta, \gamma, \delta, \varepsilon$ Crv을 알아볼 수 있다. 조그만 사다리꼴을 이루고 있어 '작은 주춧돌 성군'이라고도 불리며, 처녀자리의 스피카 서쪽에 있다.

까마귀자리의 일등성은 다소 흐릿하며, 까마귀 엡실론 ε Crv의 남쪽으로 2° 떨어진 데 있다. 까마귀 델타 δ Crv는 까마귀 에타 η Crv와 이중성을 이루는데, 서로 0.5° 넘게 떨어져 있어 맨눈으로도 볼 수 있다. 소형 망원경으로 관찰하면 까마귀 델타 자체도 이중성임을 알 수 있는데, 2.9등급의 백색 주성과 8.5등급의 청록색 부성으로 구성되어 있다.

까마귀 델타의 북쪽, 까마귀자리의 북쪽 경계 근처에 조그만 성군이 있는데, 이들은 커다란 이등변 삼각형 모양을 이루고 있으며 삼각형 내부에 희미한 별들이 이룬 삼각형을 감싸고 있다. 스타게이트 Stargate라고 알려진 이 이등변 삼각형 성군은 처녀자리 경계 바로 건너에 있는 M104로부터 1° 떨어져 있다. 즉 이 두 천체는 저배율, 광각 시야에서 동시에 볼 수 있다.

까마귀자리의 중앙에 있는 행성상 성운 NGC 4361은 거의 원을 이루어 약 1'(아크분)에 걸쳐 번져 있는 무색의 얼룩처럼 보인다. 100mm 망원경으로 이 성운과 중심별을 쉽게 확인할 수 있다.

천칭자리

LIB / LIBRAE
5월 중순 자정에 남중

천칭자리는 황도12궁 중에 가장 눈에 띄지 않는 작은 별자리다. 주요 별들이 전갈자리 북서쪽에 위치하지만, 도심에서 맨눈으로 보기는 어렵다.

천칭 알파 α Lib, Zubenelgenubi, 주베엘게누비는 2.7등급의 하늘색 별과 5.2등급의 백색 별이 거리를 두고 쌍을 이룬 이중성으로, 쌍안경으로 분리할 수 있다. 천칭 베타 β Lib는 천칭자리 별 중 가장 밝으며 매우 독특한 녹색을 띠고 있는데, 쌍안경으로도 이 색을 뚜렷이 볼 수 있다.

NGC 5897은 9등성의 작은 구상성단이며, 천칭자리에서 유일하게 주목받는 태양계 밖 보석이다. 천칭 요타 ι Lib에서 남동쪽으로 2° 안팎에 있으며, 뚜렷이 별들이 모여 있는 핵은 없다. 이의 밝은 별들은 운무 같은 불분명한 배경을 통해 목격되는데, 고배율의 200mm 망원경으로 관찰하면 매우 아름다운 천체임을 알 수 있다.

켄타우루스자리

CEN/CENTAURI
4월 중순 자정에 남중

가장 큰 별자리에 속하는 켄타우루스자리는 주요 별들이 밝아서 쉽게 관찰할 수 있다. 맨눈으로 볼 수 있는 별들이 그 어느 별자리보다 많다. 맑은 날 저녁에 캄캄한 곳에서 보통 시력의 별지기가 약 150개의 별을 헤아릴 수 있을 정도다. 쌍안경으로, 특히 남쪽으로 밝은 은하수 영역을 따라 관찰하면, 켄타우루스의 숨 막히는 스타필드를 감상할 수 있다.

켄타우루스자리의 가장 밝은 별 황색 리길 켄트Rigil Kent, α Cen와 청색 하다르β Cen는 남십자자리의 동쪽에서 사랑스러운 쌍을 이루고 있다. 겨우 4.4광년 떨어진 켄타우루스 알파리길 켄트는 우리 태양에서 가장 가까이 있는 밝은 별이다. 소형 망원경으로 관찰하면 켄타우루스 알파는 0등급과 1.4등급의 쌍둥이 별로 이루어진 이중성임이 드러난다. 켄타우루스 알파의 남서쪽으로 2° 떨어진 곳에 희미한11등성급 적색왜성 켄타우루스 프록시마Proxima Cen가 있으며, 저배율 광각 접안렌즈를 사용하여 대형 망원경으로 관찰할 경우 동일 시야에서 관찰된다. 켄타우루스 프록시마는 알파를 도는 데 약 1백만 년이 걸리며, 다음 1만 5천 년에 걸쳐 우리 쪽으로 매우 가까워질 것이다. 이로써 우리 태양에 가장 가까운 이웃별 중 하나가 될 것이다.

독특한 켄타우루스 A 은하, 250mm 굴절 망원경 + 냉각 CCD 카메라로 촬영.

켄타우루스 베타β Cen는 0.6등급과 3.9등급의 별들로 구성되어 있으며, 150mm 망원경으로 분리할 수 있다. 하지만 주성이 너무 밝기 때문에 식별하기 쉽지 않다. 켄타우루스 감마γ Cen 또한 이중성이며, 2.2등급의 황색 쌍둥이 별로 이루어져 있다. 이들은 서로 매우 가까이 있어 2020년 이후에 분해가 가능하다.

2등성 켄타우루스 제타ζ Cen의 서쪽으로, 맨눈으로 보면 가물가물한 커다란 3등성 별이 있다. 이것이 센타우루스 오메가ω Cen NGC 5139이며, 소형 망원경으로 보면 가장 크고 가장 밝게 빛나는 구상성단임을 알 수 있다. 달걀 모양의 구체로 백만 개가 넘는 별들이 보름달에 버금가는 면적을 점유하고 있다. 이 광경은 그 어떤 천체 관측 도구로 관찰해도 장엄하기 그지없지만, 별들이 고밀도로 밀집되어 있는 영역의 환상적인 모습을 자세히 관찰하려면 150mm 이상의 망원경이 필요하다. 여기서 북쪽으로 몇도 떨어진 곳에 NGC 5128이 있다. 이는 특이한 모양의 거대 타원형 은하이며, 매우 강렬한 방출발광 특징 때문에 전파 천문학자들에게 '켄타우루스 A'로 알려져 있다. 켄타우루스 A는 이를 이등분하는 검은 먼지 띠가 있는 것처럼 보이는데, 이는 실루엣으로 목격된다. 켄타우루스 제타의 동쪽으로 아름다운 산개성단 NGC 5460이 있다. 이를 구성하는 40여 개의 별들이 모두 8등성 이하임에도 불구하고 이 성단은 맨눈으로 관찰 가능한 최저 밝기를 가까스로 유지하고 있다.

환상적인 구상성단 켄타우루스 오메가. 66mm 굴절 망원경 + 냉각 CCD 카메라로 촬영.

남반구의 겨울 별(7월 1일, 자정)

남쪽을 바라보면, 망원경자리, 제단자리, 공작자리, 극락조자리가 천구 남극 위로 높이 솟아 있다. 은하수의 장대한 흐름은 지평선을 딛고 가파르게 올라, 남서쪽의 돛자리에서 시작해 궁수자리가 휘영청 뜬 은하 중심을 지나, 북동쪽의 백조자리에 이르며 하늘을 가르고 있다.

대마젤란운은 그 최저 고도에 이르렀고, 그 아래로는 밝은 별 카노푸스만 남쪽 지평선 위로 온전히 떠올라 있다. 소마젤란운이 하늘의 실세인 가운데, 아케르나르는 에리다누스의 첫 분출을 이끌고 있다. 동쪽에서는 남쪽물고기자리의 포말하우트와 두루미자리, 그 뒤를 이어 조각가자리와 봉황자리가 나날이 높이 오르고 있다. 남서쪽 지평선을 향해 용골자리와 돛자리가 내려가고 있으며, 그 뒤를 이제는 옆으로 누운 남십자자리가 따르고 있고, 위풍당당한 켄타우루스의 지극성 하다르와 리길 켄트도 뒤따르고 있다.

북쪽을 바라보면, 황도가 높이 아치를 그리고 있는데, 동쪽에서 떠오르고 있는 물고기자리에서 시작해 물병자리, 염소자리, 천정 근처의 궁수자리를 지나고, 뱀주인자리, 전갈자리, 천칭자리를 거쳐, 서쪽에서 서서히 지고 있는 처녀자리까지 걸쳐져 있다. 목동자리의 아크투루스는 북서쪽에서 이제는 하강하려는 고도와 맹렬한 전투를 벌이고 있다. 헤르쿨레스자리는 이의 정점에 올라있고, 이의 북쪽 영역은 지평선에 닿을락 말락하고 있다. 한편 지평선에서 몇도 높이 떠서 반짝거리고 있는 거문고자리의 눈부신 직녀성을 볼 수 있다.

캔버라 지평선 [35°S]

웰링턴 지평선 [41°S]

지평선에서 천정까지의 남쪽 겨울 하늘, 정북(왼쪽이 서쪽, 오른쪽은 동쪽). 웰링턴에서 본 지평선 [41°S], 캔버라에서 본 지평선[35°S], 황도를 표시함. 이 차트는 5월 1일(4am), 6월 1일(2am), 7월 1일(자정), 8월 1일(10pm), 9월 1일(8pm)과 관련 있음.

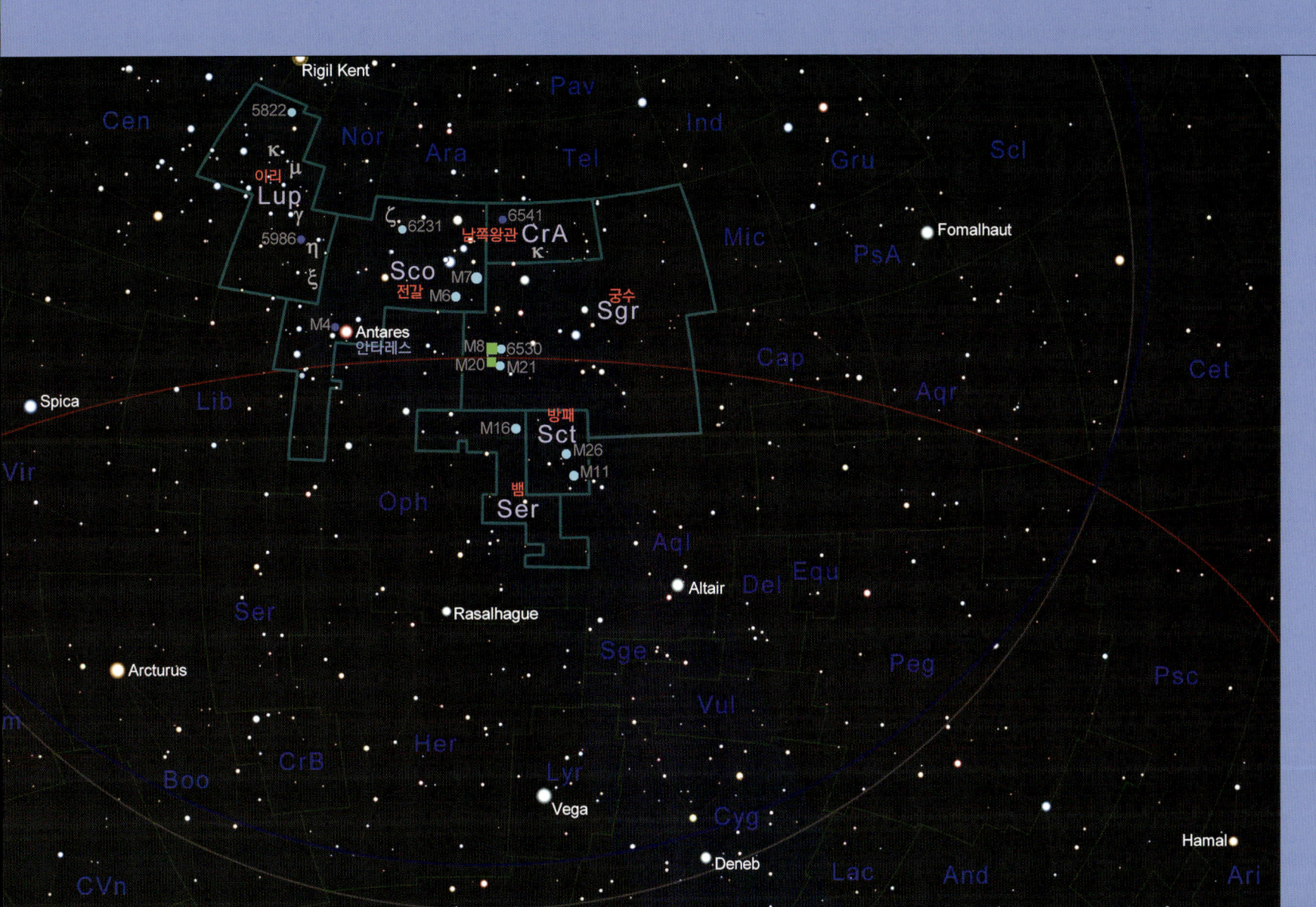

남쪽왕관자리

북반구에서 여름 삼각형자리의 파트너 중 하나인 데네브는 가까스로 지평선 위로 올라섰기 때문에 쉽게 확인할 수 있다. 하지만 더 높이 떠 있는 알타이르가 눈에 더 잘 띌 것이다. 뱀주인자리, 뱀자리, 방패자리, 독수리자리가 은하수 일대를 뒤덮고, 더 나아가 궁수자리와 전갈자리의 장엄한 별 구름, 성단, 성운에까지 닿고 있다. 천정에는 이 풍경에 왕관을 씌우듯 남쪽왕관이 자리하고 있다. 북동쪽 하늘에는 백조자리가 쓸쓸히 자신의 존재를 알리기 위해 분투하고 있으며, 페가수스자리는 지평선 위로 주춤거리며 고개를 내밀고 있다.

 CRA/CORONAE AUDSTRALIS
7월 초순 자정에 남중

궁수자리의 남쪽으로, 은하수에 깊이 파묻힌 조그만 네모 안에 자리한 남쪽왕관자리는 이의 가장 밝은 별들이 사랑스러운 아치를 형성하고 있는 아주 조그만 별자리다. 북쪽왕관자리에 비해 크지도 밝지도 않지만, 쌍안경으로 관찰하기에 가장 아름다운 별자리에 속한다.

남쪽왕관 카파 $2^{k} 2$ Crα와 남쪽왕관 카파 $1^{k} 1$ Crα은 사랑스러운 청색 이중성을 형성하고 있다. 5.9등급의 주성과 6.6등급의 부성으로 구성된 이 이중성은 소형 망원경으로 쉽게 볼 수 있다. 남쪽왕관자리의 남서쪽 구석에 위치한 NGC 6541은 은하수 내에 자리한 보기 드문 구상성단이다. 쌍안경으로 보면 밝은 핵이 있고 주위로 별들이 무성한 7등성의 운무 조각으로 보이며, 150mm 망원경으로 보면 훨씬 자세히 구조를 감상할 수 있다.

이리자리

LUP/LUPI
5월 중순 자정에 남중

이리자리는 은하수의 북쪽 모서리를 따라 대각선으로 즉, 켄타우루스 동쪽에서부터 전갈자리의 서쪽 경계까지 가로지르며 누워 있다. 이리자리에는 흥미로운 이중성과 복성이 다수 들어 있다. 이리 감마 ^{γ} Lup는 3등급과 4.4등급 별이 서로 가깝게 붙어 있는 쌍성으로, 매 190년마다 서로 한 바퀴를 돈다. 1980년에 가장 멀리 떨어졌을 당시 200mm 망원경으로 관찰할 수 있었는데, 그 상태는 약 2040년까지 유지될 것이다. 이리 에타 ^{η} Lup는 멋진 이중성으로 3.4등급의 청색 주성과 7.8등급의 황색 부성으로 구성되며, 소형 망원경으로 쉽게 분해된다. 이리 카파 ^{κ} Lup도 이중성이며, 3.9등급과 5.7등급의 별이 멀리 떨어져 이중성을 이루고 있다. 이리 뮤 ^{μ} Lup는 복성인데, 4.3등급 청색 주성과 6.9등급 부성으로 쉽게 분해된다. 200mm 망원경으로 관찰하면 주성에 5등급 쌍둥이 별이 가까이 있음을 관찰할 수 있다. 이리 키 ^{x} Lup는 5등성 청색 별들이 쌍을 이루고 있으며, 소형 망원경으로 바라보면 아주 멋지다.

이리 제타 ^{ζ} Lup의 남서쪽 은하수의 밝은 스타필드 안에 담겨 있는 커다란 구상성단 NGC 5822은 쌍안경으로 보면 달 크기 정도의 안개 조각처럼 보인다. 소형 망원경으로 보면 150여 개의 별들이 느슨히 모여 있으며, 그 가운데 길고 구불구불한 별들의 사슬을 볼 수 있다. NGC 5986은 이리자리에서 가장 밝은 구상성단이며, 지름은 작지만 밝은 핵은 200mm 망원경으로 관찰할 수 있다.

전갈자리

♏ SCO/SCORPII
6월 초순 자정에 남중

남반구 겨울 하늘 높이 거의 머리 바로 위에 떠 있는 전갈자리는 뚜렷한 주홍색의 알파α Sco, 안타레스를 중심으로 장관을 이루고 있다. 북반구 온대지역에서 보면 지평선에 낮게 걸려 있지만 안타레스 근처의 전갈 꼬리에 있는 밝은 별 무리들은 여전히 낯익은 경관이다 대기 때문에 약간 흐리게 보인다. 망원경으로 관찰하면, 안타레스의 밝은 빛 때문에 관찰이 방해를 받기는 하지만, 주홍색 거성인 안타레스보다 희미한 이의 푸른 부성을 발견할 수 있다. 안타레스 서쪽의 구상성단 **M4**는 맨눈으로 보면 운무 조각으로 보이며, **100mm** 망원경으로 분해할 수 있다.

M6나비 성단과 M7프톨레마이오스 성단은 광학장비의 도움 없이 볼 수 있는 거대한 산개성단이다. M6의 동쪽 날개에 황홀한 다이아몬드 브로치처럼 세팅된 빛나는 커다란 석류석은 주홍색 거성 전갈 BM^BM Sco이다. M6의 3° 남동

전갈자리의 NGC 6231,
250mm 반사 망원경+냉각 CCD 카메라로 촬영.

쪽으로 훨씬 크고 밝은 M7이 찬란하게 걸려 있다. 쌍안경으로 보면 은하수에 잠겨 있는 이 성단의 밝은 별들을 다수 볼 수 있다. 저배율의 망원경으로 보면, 이의 중심별들이 뚜렷한 H 형태를 이루고 있는 인상적인 모습을 감상할 수 있다. 전갈자리의 남쪽에는 NGC 6231$^{false\ comet\ cluster}$, 가짜혜성 성단이 있다. 이는 맨눈에도 살짝 보이는데, 바나나 모양의 조각이 전갈 제타 ζ Sco의 북쪽으로 펼쳐져 있다. 쌍안경이나 소형 망원경으로 관찰하면, 대여섯 개의 밝은 별들이 핵을 중심으로 뭉쳐 있고 그 주위를 수십 개의 덜 밝은 별들이 둘러싸고 있으며, 이들이 은하수의 풍부한 별들과 그물처럼 맞물려 있는 일대 장관을 감상할 수 있다.

전갈자리와 궁수자리의 은하수, 라 팔마 천문대에서 DSLR 카메라(적도의 탑재) 촬영한 이미지.

뱀자리

SER/SERPENTIS
6월 하순 자정에 남중

뱀자리는 뱀주인자리에 의해 양쪽으로 양분되어 있는 별자리다. 뱀자리는 그중 희미한 반쪽으로, 은하수의 어두운 중앙 구역을 가로지르는 한 줄의 별들로 이루어져 있다.

M16은 여기저기 흩어진 수십 개의 별들로 구성된 산개성단이며, 쌍안경으로 구분된다. 어두운 밤하늘에서 보면 이 성단 내부 및 남동쪽 주변에서 독수리 성운이 감지된다.

M16 근처의 독수리 성운,
127mm 굴절 망원경+냉각 CCD 카메라로 촬영.

방패자리

SCT / SCUTI
7월 초순 자정에 남중

방패자리는 아주 조그만 별자리로, 맨눈으로는 쉽게 보이지 않는다. 하지만 신비로운 태양계 밖 천체들이 빼곡히 모여 있는 별자리다.

멋진 은하수를 배경으로, M11 wild duck cluster, 야생오리성단이 200여 개의 별들을 거느리며 빛나는 아치를 형성하고 있다. 쌍안경으로 보면 운무 조각처럼 보이지만, 고배율의 100mm 망원경으로 보면 세부 모습을 볼 수 있다. 이의 남쪽으로 몇 도 내려간 지점에 보다 희미하고 적은 별들로 구성된 산개성단 M26이 있다.

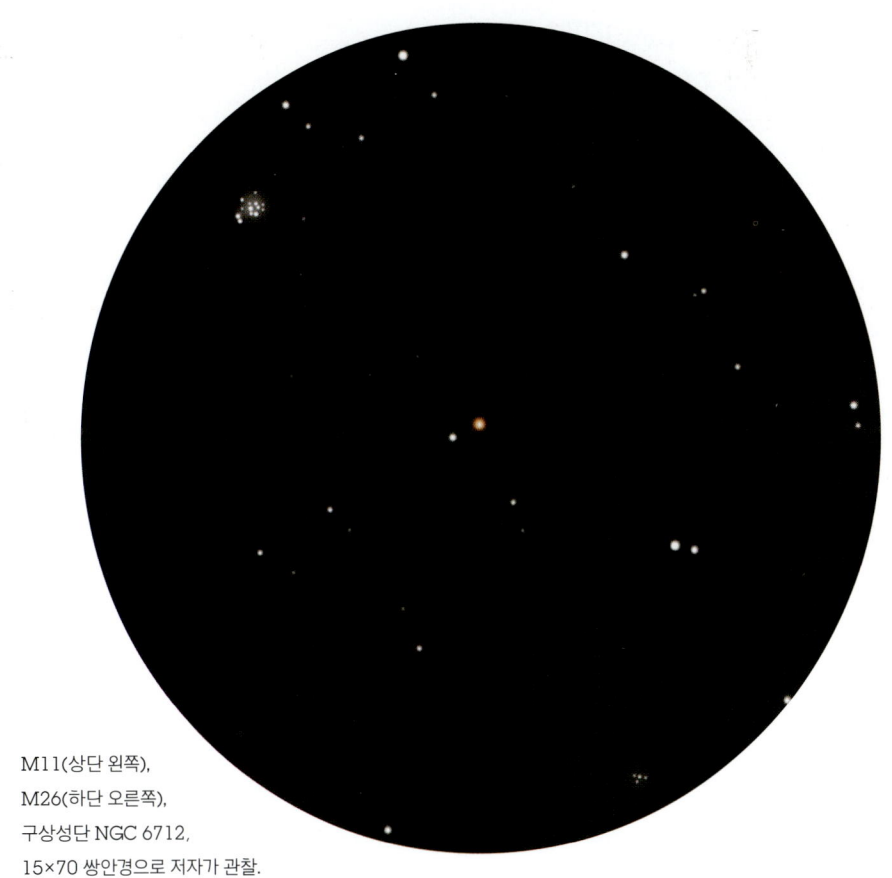

M11(상단 왼쪽),
M26(하단 오른쪽),
구상성단 NGC 6712,
15×70 쌍안경으로 저자가 관찰.

궁수자리

 SGR/SAGITTARII
7월 초순 자정에 남중

궁수자리는 많은 별지기들, 특히 남반구에 있는 별지기들에게 천상의 모든 별자리 중 가장 장엄한 별자리로 인정받고 있다. 그도 그럴 것이 겨울 하늘 머리 위로 휘영청 떠 있기 때문이다. 은하수의 넓은 띠가 궁수자리를 가로지르고 있다. 그뿐만 아니라 우리 은하의 중심이 바로 궁수자리의 먼 서쪽 경계 근처에 위치하고 있다. 궁수자리는 경이로운 태양계 밖 천체들로 가득하다.

궁수자리 안에서 발견되는 메시에 천체는 무려 15개나 된다. 대부분 이의 서쪽 반절에서 은하수를 배경으로 관찰되는데, 가장 사랑스러운 천체들은 다음과 같다. M8 석호 성운, Lagoon Nebula은 빼어나게 멋진 무정형성운으로, 광학 장비 없이도 볼 수 있으며, 달만 한 크기로 빛을 발하고 있다. 망원경으로 보면 M8 내부에 이를 양분하고 있는 검은 띠가 보인다. 성운의 동쪽 반절에 산개성단 NGC 6530이 빛을 발하고 있다. 이의 1° 북쪽에 트리피드 성운 M20 삼렬 성운, Trifid Nebula이 있으며, 맨눈으로도 관찰된다. 이의 바로 북쪽에 산개성단 M21이 있다. M20은 M8보다 작지만 중배율의 망원경으로 관찰하면 놀라운 장관이 보이는데, 성운 내에 3개의 검은 띠 조각이 관찰된다. 저배율, 광학 시야로 관찰하면 M8, NGC 6530, M20, M21을 동시에 다 볼 수 있다.

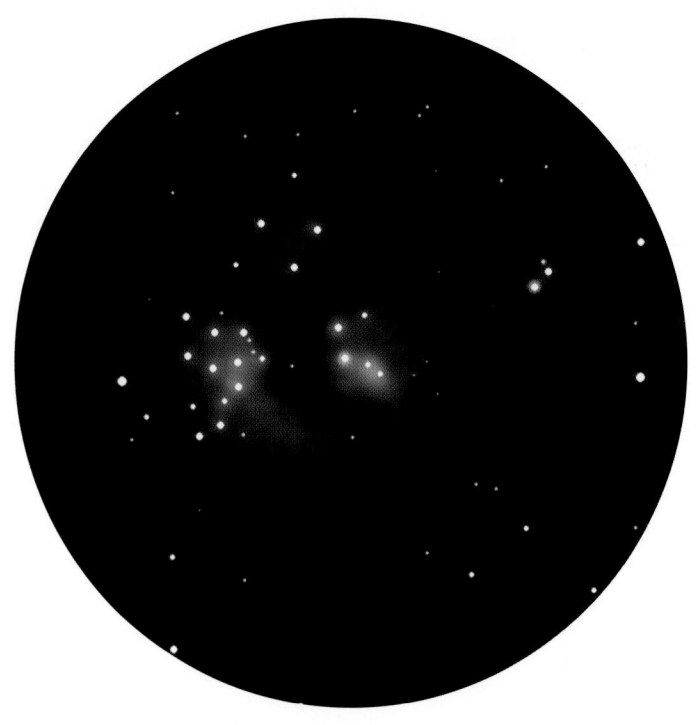

궁수자리의 M8, 8" 슈미트 카세그레인 망원경으로 직접 관찰.

궁수자리의 M8, 250mm
반사 망원경+냉각 CCD 카메라로 촬영.

궁수자리의 삼렬 성운 M20,
250mm 반사 망원경+냉각 CCD 카메라로 촬영.

남반구의 봄 별(10월 1일, 자정)

남쪽을 바라보면 은하수가 낮게 걸려 있어 거의 지평선과 수평을 이루고 있으며, 궁수자리 은하들의 영광스러운 집결지도 남서쪽으로 가라앉고 있다. 거꾸로 선 남십자자리는 이의 최저점에 이르렀으며, 남쪽 지평선 위로 한 뼘 높이에 있다. 켄타우루스자리의 남쪽 맨 아랫부분만 가시권에 남아 있으며, 이의 지극성 하다르와 리겔은 남십자자리의 오른쪽으로 누워 있다. 동쪽에서는 프로키온이 떠오르고, 침체된 남동 하늘에서는 카노푸스가 차근차근 용골자리를 이끌며 안내하고 있다.

소마젤란운은 이의 최고 높이에 이르러 천구 남극 위로 높이 떠 있고, 위력적인 대마젤란운이 뒤를 이어 상승하고 있는 중이다. 큰부리새자리도 하늘 높이 걸려 있으며, 에리다누스의 아케르나르가 뒤를 잇고 있다. 봉황자리가 천정을 차지했다. 남동쪽에서는 돛자리, 이리자리, 큰개자리가 떠올랐고, 더할 나위 없이 찬란한 시리우스는 여름이 멀지 않았음을 알리고 있다.
독수리자리의 알타이르는 자신은 서쪽 지평선으로 가라앉으면서 이웃 별자리인 돌고래자리와 염소자리를 이끈다. 북쪽에는 페가수스자리의 사각형이 최고 높이에 이르렀고, 그 아래로 안드로메다자리가 불과 몇 도 차이로 지평선 위로 온전히 떠올라 있다. 이의 가까운 이웃인 삼각형 은하는 표면 밝기가 너무 낮아 아직 그처럼 낮게 떠 있을 때는 식별하기가 어렵다.
북쪽 중앙을 장악하고 있는 염소자리, 물병자리, 고래자리, 에리다누스자리

캔버라 지평선 [35°S]

웰링턴 지평선 [41°S]

지평선에서 천정까지의 남쪽 봄 하늘, 정북(왼쪽이 서쪽, 오른쪽은 동쪽). 웰링턴에서 본 지평선[41°S], 캔버라에서 본 지평선[35°S], 황도를 표시함. 이 차트는 8월 1일(4am), 9월 1일(2am), 10월 1일(자정), 11월 1일(10pm), 12월 1일(8pm)과 관련 있음.

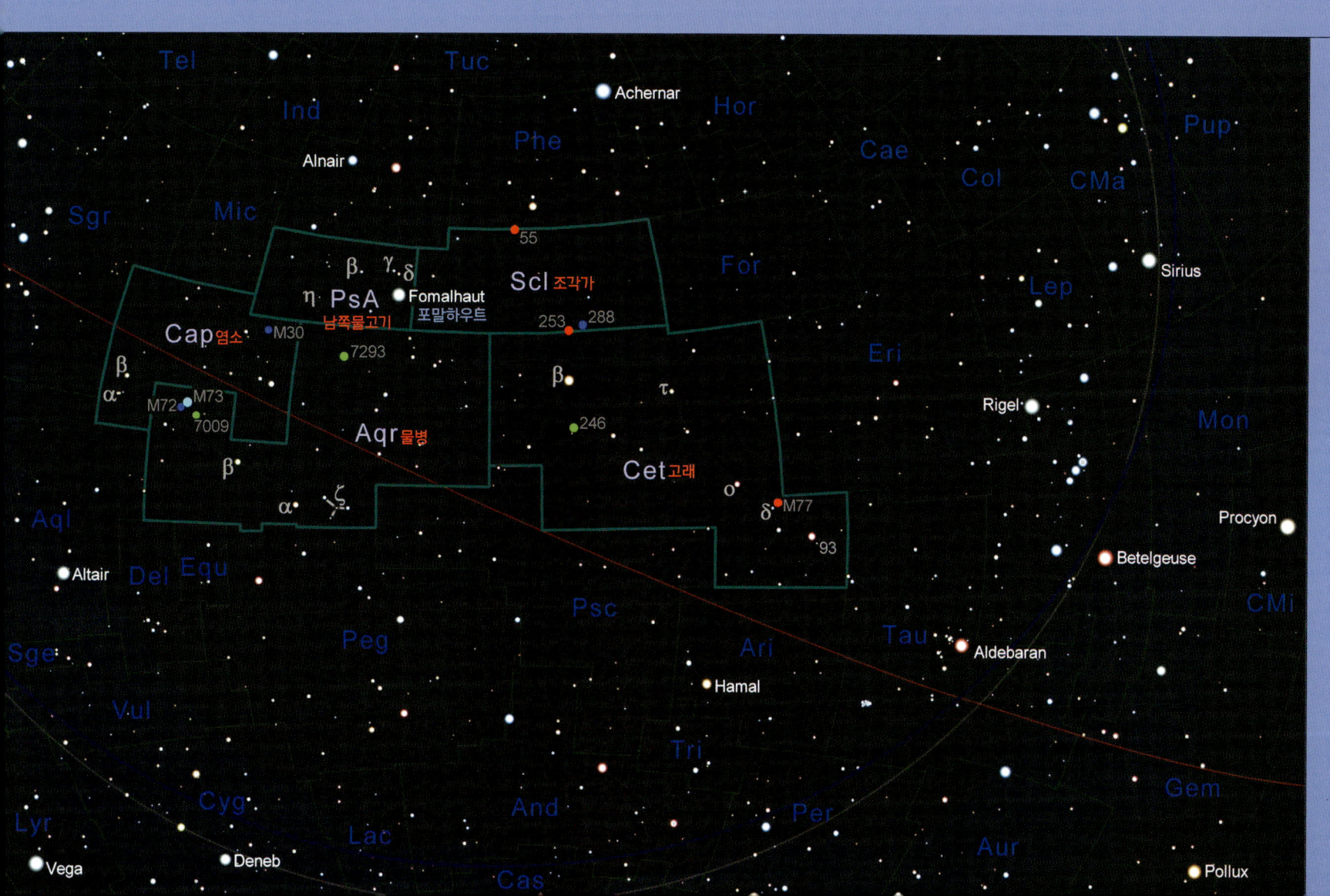

염소자리

는 자신들을 한껏 펼치고 느긋하게 자리하고 있다. 이들 위로 포말하우트가 영롱한 빛을 자랑하고 있다. 한편 지구에 더 가까운 양자리, 황소자리, 오리온자리는 이제 북동쪽 지평선 위로 자신들을 편안히 내려놓기 시작한다. 봄 하늘에는 기막히게 멋진 은하들이 줄지어 있지만, 매력적인 행성상 성운, 구상성단, 이중성, 변광성들도 아주 많다.

 CAP/CAPRICORNI
8월 초순 자정에 남중

염소자리는 황도12궁 중 작은 편에 속하는 별자리이자 관찰하기 꽤 불친절한 별자리다. 3등성과 4등성 별들이 주를 이루며, 남쪽을 가리키고 있는 화살촉 모양에 폭넓게 모여 있다. 이는 남반구에서 보면 지붕이나 텐트처럼 보인다.

염소 알파$^\alpha$ Cap는 맨눈으로도 관찰되며, 3.7등급의 황색 거성 염소 알파 2$^{\alpha\,2}$ Cap와 4.3등급의 주홍 초거성 염소 알파 1$^{\alpha\,1}$ Cap이 가깝게 이중성을 이루고 있다. 이 쌍은 조준선으로 쉽게 분리되는데, 각각 109광년, 887광년 떨어져 있기 때문이다. 또한 이들 각자도 이중성으로, 희미한 부성과 멀리 짝을 이루고 있으며, 200mm 망원경으로 보아도 겨우 희미하게 보인다. 염소 베타$^\beta$ Cap는 3등급의 황색 주성과 6.1등급의 하늘색 부성으로 이루어진 멋진 색상의 이중성이며, 쌍안경으로도 관찰된다.

염소자리에서 가장 밝은 태양계 밖 천체는 M30이다. 보통 크기의 꽤 밝은 구상성단이며, 200mm 망원경으로 성단의 외곽을 분해할 수 있다. 염소자리의 남서쪽 모서리에 가장 밝은 은하 NGC 6907이 있다. 정면에서 본 막대나선은하는 250mm 이상의 망원경으로 관찰하면 제대로 감상할 수 있다.

이중성인 염소 베타(β Cap), 8" 슈미트 카세그레인 망원경으로 저자가 직접 관찰.

물병자리

～～ AQR/AQUARII
8월 하순 자정에 남중

물병자리는 천구의 적도 남쪽에 있는 2등성, 3등성 별들이 폭넓게 위치하며 주요 패턴을 구성하고 있는 큰 별자리다. 물병 알파 α Aqr의 바로 동쪽에는 작지만 눈부신 프로펠러 성군 Propeller, Water Jar이 있다. 이를 이루는 4개의 별 가운데 가운데별인 물병 제타 ζ Aqr는 4.3, 4.4등급의 백색 쌍둥이로 구성된 쌍성이다. 이 쌍성은 우리에게 서서히 다가오고 있으며, 보통 성능의 80mm 망원경으로 분해된다. 21세기 말에는 어떤 소형 망원경으로도 쉽게 분해될 것이다.

물병자리의 서쪽 경계에서 저배율로 관찰할 경우, 태양계 밖 천체의 세 가지 유형 즉, 행성상 성운, 산개성단, 구상성단을 동일 시야에서 관찰할 수 있다. 물병 뉴 ν Aqr에서 1.5° 서쪽에 못 미친 곳에 굉장한 행성상 성운 NGC 7009 토성상 성운, Saturn nebula가 있다. 80mm 망원경으로 보면, 토성 크기와 비슷한 타원 원반이 관찰된다. 고급 장비로 관찰하면, 이의 푸른 색깔과 세부 구조를 감상할 수 있는데, 내부에 작은 타원이 있고, 성운에서 튀어나온 두 개의 작은 엽을 볼 수 있다. 이 때문에 이 성운은 마치 고리를 두른 토성이 우리를 정면으로 보고 있는 것처럼 보인다. 이의 남서쪽에는 프로펠러 성군과 비슷한 모양의 작은 산개성단 M73이 있다. M72 옆에 밝은 핵을 가진 9등성의 작은 구상성단이 있으며, 이는 250mm 이하의 망원경으로는 분

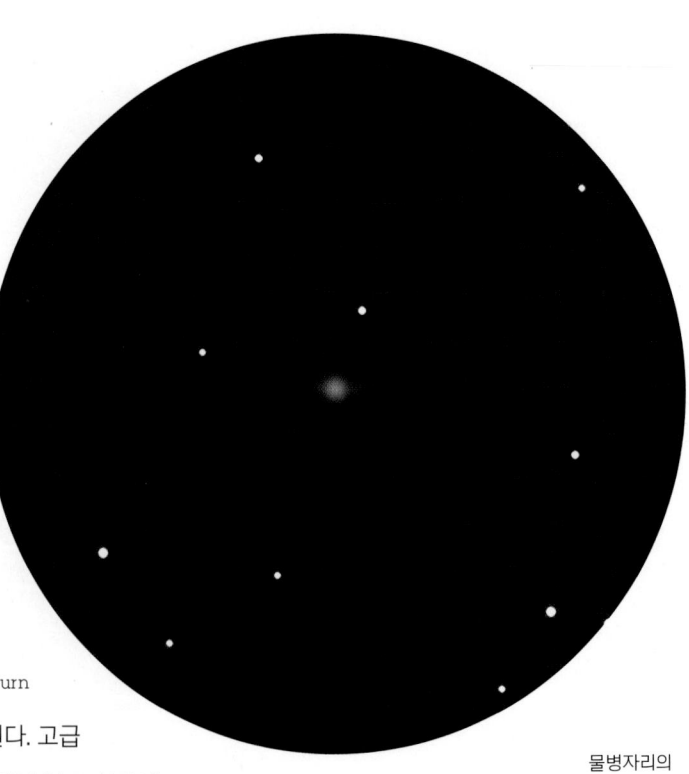

물병자리의
NGC 7009(토성상 성운),
300mm 반사 망원경으로 저자가 관찰.

물병자리의 나선성운 NGC 7293,
127mm 굴절 망원경 + 냉각 CCD 카메라로 촬영.

해하기 어렵다.

M2는 이 구역에서 가장 밝은 구상성단이며, 물병 베타β Aqr의 북쪽으로 5° 내에 위치한다. 쌍안경으로는 솜털 조각으로 보이며, 150mm 망원경으로는 다수의 별들을 관찰할 수 있다.

물병자리의 남쪽 끝에 있는 성운 NGC 7293나선성운, Helix Nebula은 쌍안경으로도 쉽게 보이며, 둥근 얼룩처럼 보인다. 행성상 성운 가운데 겉보기 지름이 가장 큰 성운이지만, 표면 밝기가 낮다. 따라서 저배율 망원경으로 관찰해야 제대로 감상할 수 있다. 250mm 망원경으로는 이의 고리 구조와 일부 반점들을 볼 수 있을 것이다.

남쪽물고기자리

PSA/PISCIS AUSTRINI
8월 하순 자정에 남중

남쪽물고기자리는 하늘에 있는 생선가게의 차가운 사각 도마 위에 누워 있는 것 같은 별자리다. 볼품 없는 별들이 나열되어 있지만, 남쪽물고기자리의 알파성인 영롱한 청색 별 포말하우트α PsA만은 예외다. 1등급의 빛나는 포말하우트는 주위를 완전히 장악하고 있다. 심지어 남반구에서도 남쪽으로 많이 기울어 있음에도 북반구 온대지역 사람들에게도 낯익은 별이다.

남쪽물고기 베타β PsA는 4.5등급과 7.5등급의 별들이 서로 멀리 떨어져 구성하고 있는 이중성으로, 쌍안경으로 분해된다. 남쪽물고기 델타δ PsA와 감마γ PsA는 포말하우트의 바로 남쪽에 있으며, 맨눈으로도 보이는 이중성을 구성하고 있다. 4등성의 남쪽물고기 델타는 10등성의 희미한 짝이 있으며, 80mm 망원경으로 볼 수 있다. 남쪽물고기 감마도 4.5등급과 8.5등급의 별들로 구성되어 있으며, 소형 망원경으로 볼 수 있다. 남쪽물고기 에타η PsA는 5.4등급과 6.6등급의 백색 별이 아주 가깝게 구성한 이중성이며, 100mm 망원경으로 분해할 수 있다.

남쪽물고기자리의 알파성, 포말하우트.

조각가자리

SCL/SCULPTORIS
10월 초순 자정에 남중

눈에 가장 띄지 않는 별자리에 속하는 조각가자리는 남쪽 은하극의 집으로 유명하다. 빛나는 포말하우트의 동쪽에 있어서 찾기는 쉬워도, 이의 별들이 희미해서 어두운 남쪽 하늘에 높이 떠 있을 때조차 관찰하기 쉽지 않다.

남쪽 은하극에 아주 가깝게 위치하고 있는 밝은 구상성단 NGC 288과 가장자리 은하에 가까운 화려한 NGC 253은 서로 2° 떨어져 있으며, 저배율의 관찰 시야에서 동시에 볼 수 있다. NGC 253은 쉽게 식별되는 밝은 핵이 있다. 100mm 망원경으로는 아주 짧은 영역이기는 하지만 은하의 팔을 따라 은하의 내부 구조를 꽤 자세히 살펴볼 수 있다. NGC 253은 전경에 별들이 아주 많은 지역에 위치하고 있다. NGC 55 또한 가장자리 은하에 아주 가까운 밝은 은하지만, NGC 253에 비해서는 내부 구조를 상세하게 관찰하기는 어렵다.

조각가자리의 가장자리 나선은하 NGC 253, 127mm 굴절 망원경 + 냉각 CCD 카메라로 촬영.

고래자리

 CET / CETI
9월 중순 자정에 남중

황도 남쪽에 있는 매우 큰 별자리인 고래자리는 마치 커다란 고래가 천구의 적도 남쪽에 빠져 있는 모습 같다. 하지만 이의 머리 뒤쪽은 북쪽을 향해 있고, 눈은 작은 양자리와 매혹적인 황소자리를 향하고 있다. 고래자리에서 두 번째로 밝은 별인 적색거성 고래 알파$^{\alpha\,Cet,\,멘카르,\,Menkar}$는 멀리 떨어져 쌍을 이루고 있으면서도 여전히 아름다운 이중성이며, 이의 북쪽에는 5등성의 청색 별 고래 93$^{93\,Cet}$이 있다. 2등급의 고래 베타$^{\beta\,Cet}$는 남서쪽 멀리 있으며, 고래자리에서 가장 밝은 별이다.

천문학자들이 특별한 흥미를 느끼는 고래자리의 두 별은 맨눈으로 볼 수 있다. 적색거성 고래 오미크론$^{o\,Cet,\,미라}$은 변광성 관찰자들이 가장 즐겨 찾는 별이다. 고래 오미크론은 약 332일을 주기로 3등급에서 4등급 사이를 오간다. 고래 타우$^{\tau\,Cet}$는 우리 태양과 아주 흡사한데, 12광년밖에 떨어져 있지 않으며 겉보기 밝기가 3.5등급이기 때문이다. 관측에 따르면 고래 타우 주변 공간에는 소행성과 혜성이 우리 태양 인근에서 발견되는 양보다 10배나 많다고 한다. 그곳에 행성이 있다면 끊임없이 격렬한 충돌에 시달리고 있을 것이다.
NGC 246$^{Skull\,nebula,\,해골\,성운}$은 8등성의 행성상 성운으로, 200mm 망원경으로 구석까지 관찰하기에 안성맞춤인 별이다. 고배율로 관찰하면, 회색의 얼룩진 타원이 관찰되며, 중심별과 함께 인근의 11등성 별들이 다수 관찰된다. 10등성의 나선은하 M77은 고밀도의 밝은 핵이 있으며, 고래 델타$^{\delta\,Cet}$의 동쪽으로 1°도 못 미쳐 위치한다.

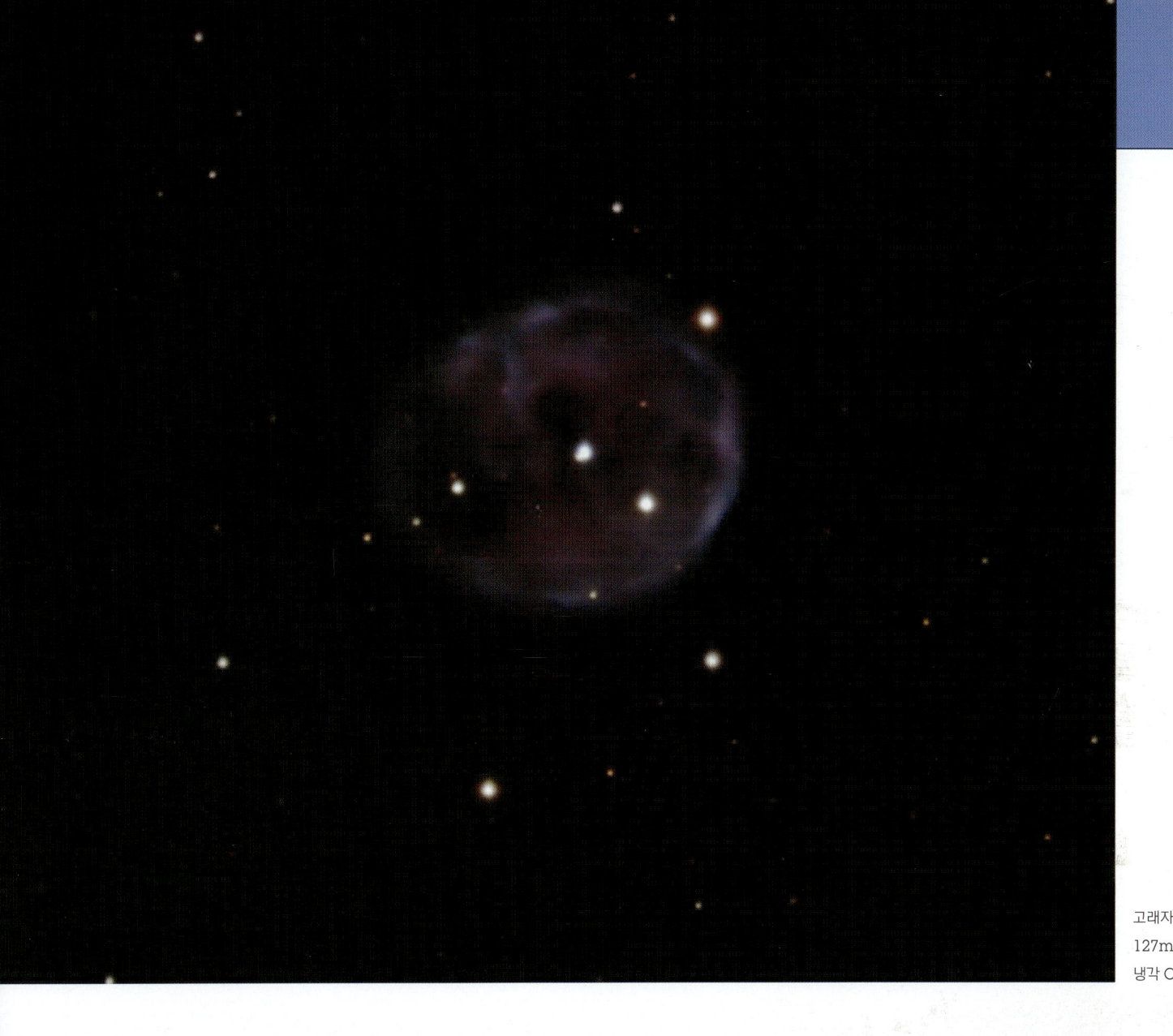

고래자리의 NGC 246,
127mm 굴절 망원경 +
냉각 CCD 카메라로 촬영.

2부: 태양계

부지런한 별지기라면 우리 태양계 안에서도 온갖 다양한 천체와 현상들을 관찰할 수 있다. 지구의 대기권 높은 곳에서 일어나는 놀라운 현상에서부터 달과 행성들에 이르기까지 볼거리는 무궁무진하다. 지구가 대기 높이 덮어둔 이불을 걷어냄에 따라 긴 파장의 빛들이 저물어 가는 햇빛을 등지고 서서히 새어 나오면, 석양은 그야말로 매혹적이며 풍부한 색으로 물든다. 때마침 밝은 별들과 행성들은 점점 약해지는 잔광을 벗어던지고 하나둘 출현하기 시작한다. 야광운이라든지 오로라, 유성이 때로 저녁 하늘에 모습을 드러내기도 한다. 밤이 깊어지면서 우주공간의 검은 벨벳에 세팅된 보석 같은 천상의 천체들은 끝없는 감탄을 자아내게 한다.

상상도이긴 하지만 사실적인, 석양이 물든 저녁 풍경 모습이다. 서쪽 하늘에서 초승달, 수성, 금성, 목성, 밝은 혜성을 앞세운 우리 태양계가 하늘을 장악하기 시작한다.

대기 효과

쉽게 관찰되는 많은 천문 활동들이 대기권에서 발생한다. 대기권이란 상공 600킬로미터까지의 기체층으로, 가혹한 우주 진공으로부터 지구를 보호해주고 있다.

태양이 만드는 장관

가끔 태양은 후광으로 둥글게 감싸인다. 이 빛나는 고리는 지름이 약 44°인 원으로, 원의 안쪽을 경계로 붉은 기운이 돌고 있고, 이로부터 바깥 가장자리까지 붉은 기운이 퍼지고 있다. 때로는 태양의 양옆으로 약 22° 근방에서 이글거리는 빛나는 조각이 관찰되기도 한다. 환일, 선독sun dog이라고 불리는 이것은 다채로운 색상으로 눈부시게 빛나고 있다. 눈부신 햇무리가 있고 양옆으로 환일이 있다면 이보다 강렬하고 인상적인 볼거리는 없을 것이다. 햇무리와 환일은 높은 대기에 있는 얼음 결정에 햇빛이 굴절되면서 빚어지는 현상이다. 다만 서로 다른 형태의 결정에 의해 야기된다는 점이 다르다. 태양은 맨눈으로 직접 관찰하기에는 너무나 밝기 때문에, 즉 맨눈이 감당할 수 있는 밝기보다 수백만 배 밝기 때문에 손으로 가려가며 또는 눈부심을 가려줄 수 있는 주변의 지형물 뒤에서 바라봐야 한다. 이러한 후광은 달 주위에서도 관찰되는데, 달무리도 동일한 원리에 의해 형성된다.

멋진 달무리.

2010년 7월 영국 윌트셔에서 관찰한 야광운(DSLR로 촬영한 5개 이미지 합성).

야광운

대부분의 기상현상은 대류권, 즉 대기권의 약 15킬로미터 높이에서 발생한다. 그런데 그 위에 훨씬 높은 곳, 즉 약 85킬로미터 상공에 있는 구름들은 성기게 층지어 있는 얼음 결정들이며, 가볍게 떠다닌다. 너무 높이 있기 때문에 이러한 구름들은 지구가 밤의 그림자 속으로 곤두박질친 이후에도 오랫동안 햇빛을 받으며 반짝거린다. 이것이 바로 야광운밤에 밝은 구름으로, 어둑한 저녁 하늘을 수놓으며 우리에게 환상적인 볼거리를 선사한다.

오로라

태양풍이 일면서 이와 더불어 전자나 양성자 같은 에너지를 함유한 입자들이 연속적으로 태양으로부터 흘러나오는데, 이러한 입자들이 지구의 강력한 자기장에 이끌려 대기로 흘러들어오면 대기 중의 기체 원자들과 충돌하게 된다. 이때 광채를 발하는 은은한 불빛이 생성되는데, 이 환상적인 불꽃쇼가 오로라이다. 북반구에서 일어나는 경우 북극광Aurora Borealis이라고 한다. 오로라를 물들이는 색깔은 발광 기체, 즉 60~200킬로미터 고도에 함유된 산소와 질소 같은 서로 다른 기체들에 의해 결정된다.

오로라는 자극magnetic pole 주위에서 생성된다. 때에 따라서는 태양에서 날아온 입자들의 충돌 활동이 매우 왕성한 경우, 남쪽 멀리 지중해 지역에서도, 심지어 오스트리아의 북쪽에서 관찰되기도 한다. 너무도 생생하게 빛나서 도심에서 관찰되기도 한다. 오로라는 매우 다양한 형태로 나타난다. 넓게 퍼지며 방사성 아치를 이루기도 하고, 춤추는 커튼 또는 코로나의 연속적 흐름으로 나타나기도 한다. 어떤 모양이든 오로라 활동은 시시각각 변화하는 모습으로 관찰된다.

북극 오로라, 아이슬란드에서 촬영.

유성

유성은 조그만 유성체들, 즉 혜성이 일면서 남겨진 잔해 입자들이 지구 대기권 상공 약 75~100킬로미터에 진입해 연소되면서 떨어지는 동안 남기는 불타는 흔적을 말한다. 아주 순식간이지만, 갑작스럽게 불꽃을 터트리며 재빨리 하늘을 가로지르기 때문에 멋진 장관을 연출한다.

연례 유성우

해마다 지구에는 다수의 유성체 스트림이 지나가게 되는데, 매해 같은 날 전후로 통과하게 된다. 이에 따라 연례행사처럼 유성우를 맞게 된다. 연례 유성우에 의해 생성되는 유성들은 하늘에 있는 하나의 점에서 방사되는 듯이 보인다. 이는 관찰 관점에 따른 효과인데, 지구가 유성체 스트림을 통과하면서 일으키기 때문이다. 이들 방사형 유성우의 이름은 이들이 위치한 별자리를 따라 붙여진다. 주요 유성우 기간에 방사가 일어나는 인근 하늘을 바라보고 있으면 15분 안에 적어도 하나의 유성을 볼 수 있다.

연례 유성우 기간에 출현하는 더할 나위 없이 화려한 불덩이fireball, 화구 유성우라든지 유난히 빛나는 유성우들이 제아무리 불길하다 해도 별지기들에게는 어떤 위협도 되지 않는다. 잘 알려진 유성체 스트림들의 유성체 크기는 포도만 한 것에서부터 모래만 한 것까지 다양하지만, 이들은 모두 대기권에서 완전히 불타버린다. 초고온의 하강 가운데서도 살아남은 크고 단단한 물체들이 있다면 이들은 소행성에서 유래한 것(드물게 달이나 화성에서 유래한 것들도 있다)으로, 연례 유성우와 무관하다.

화성을 뒤로하고 사자자리를 통과하고 있는 유성의 화구(fire ball), 2012년 1월 저자 관찰.

해마다 볼 수 있는 최고의 유성우

✸ 사분의자리 유성우 (Quadrantids)

활동시기 1월 1일~5일. 1월 3일 절정.
연중 제일 먼저 선보이는 유성우다. 지금은 존재하지 않는 사분의자리Quadrans Muralis, Wall Quarant, 지금은 목동자리의 일부에서 방사된다. 다양한 모습을 선보이지만 가끔 짧게 고속으로 최고 에너지를 퍼붓기도 한다. 북반구에서 관찰된다.

✸ 켄타우루스자리 유성우 (Centaurids)

활동시기 1월 28일~2월 21일. 2월 8일 절정.
알파 켄타우루스 α Cen와 베타 켄타우루스 β Cen에서 서로 가깝게 방사하며 매해 같은 날 부근에서 절정을 이룬다. 켄타우루스 베타가 켄타우루스 알파보다 더 빛나며, 꼬리도 오래 남으며, 불덩이가 들어있기도 한다. 남반구에서 관찰된다.

✸ 거문고자리 유성우 (Lyrids)

활동시기 4월 16일~4월 25일. 4월 21~22일 절정.
중간 속도의 빛나는 유성우로 때로 긴 꼬리를 남긴다. 북반구에서 관찰된다.

✸ 고물자리 파이 유성우 (π Puppids)

활동시기 4월 15일~4월 28일. 4월 23일 절정.
시간당 속도가 변화하지만 모 혜성26P/그리그-스켈러럽이 5년마다 태양에 가장 가까워지는데, 그 시기 전후로 더욱 활발해진다. 남반구에서 관찰된다.

✸ 물병자리 에타 유성우 (η Aquarids)

활동시기 4월 21일~5월 12일. 5월 5/6일 절정.
긴 꼬리를 가진 매우 빠른 유성이다. 핼리 혜성이 활동할 때 남은 궤도 잔해로 구성된다. 남반구와 북반구에서 모두 관찰된다.

✸ 페르세우스자리 유성우 (Perseids)

활동시기 7월 23일~8월 22일. 8월 12/13일 절정.
연례 유성우 중 가장 인기 있으며, 매우 빠르고 지극히 밝으며 이글거리는 꼬리를 남긴다. 북반구에서 관찰된다.

✸ 오리온자리 유성우 (Orionids)

활동시기 10월 15일~10월 29일. 10월 21일 절정.
밝고, 매우 빠른 유성우며 일부 불덩이를 동반하기도 한다. 핼리 혜성의 잔해로 구성된 스트림에서 발생하며, 남반구와 북반구에서 모두 관찰된다.

✸ 사자자리 유성우 (Leonids)

활동시기 11월 13일~11월 20일. 11월 17/18일 절정.
수시로 활동이 강렬해진다. 33년마다 지구가 사

자자리 유성우 스트림의 고밀도 부분을 통과하면서 장관을 이루는 유성우 폭풍을 선보인다. 남반구와 북반구에서 모두 관찰된다.

✱ 봉황자리 유성우 (Phoenicids)

활동시기 11월 28일~12월 9일. 12월 6일 절정. 밤새 고르게 방사를 볼 수 있으며, 활동이 없어 보일지라도 갑자기 분출이 관찰되므로 인내심을 가지고 지켜보아야 한다. 남반구에서 관찰된다.

✱ 쌍둥이자리 유성우 (Geminids)

활동시기 12월 6일~19일. 12월 13~14일 절정. 매우 밝고 강렬한 백색 유성우. 천천히 이동하며, 남반구와 북반구에서 모두 관찰된다.

유성 관측

유성 관찰은 특별한 장비가 필요 없다. 그저 보고자 하는 열정이 가득한 눈만 있으면 되는, 매우 간단하고 즐거운 활동이다. 유성 활동이 절정인 날 전후로 한두 시간 관찰하는 것으로도 대부분의 관찰자들은 크게 만족할 것이다. 빛 공해가 없는 곳에서, 달이 아직 보름달로 차오르지 않았고, 높이 뜨지 않은 시각에 유성을 가장 잘 관찰할 수 있다. 무엇보다 편안하게 관찰할 수 있어야 한다. 여름이라도 밤에는 한기가 있기 때문에 따뜻하게 챙겨입어야 하고, 편안한 정원용 의자나 등받이 의자에 앉아 유성 방사가 전체적으로 보이는 쪽에 자리를 잡도록 한다. 유성우 활동이 양호한 기간에는 장시간 비유도 노출 설정을 활용한 간단한 사진 촬영 장비만으로도 10분 노출 기간에 한두 개의 눈부신 유성 사진을 얻을 수 있다.

태양과 태양계

지구가 궤도를 따라 태양을 공전하기 때문에 태양은 별자리를 배경으로 길을 따라 움직이는 듯이 보인다. 지구 궤도를 천구에 투사한 길을 황도라고 한다. 주요 행성과 소행성 대부분이 지구와 대략 일치하는 궤도를 가지고 있다. 따라서 이들도 황도에서 몇 도 떨어지지 않은 길을 따라 운행한다. 지구를 도는 달의 궤도 또한 황도와 매우 가깝게 위치한다.

이처럼 황도는 태양, 달, 행성들과 길을 공유하기 때문에 혼잡할 때가 많다. 달은 때때로 태양 앞을 지나면서 일식 현상을 일으킨다. 달과 행성들은 서로 매우 가까이 다가가는 듯이 보인다. 때로 달은 행성 바로 앞을 곧장 지나면서 행성을 일시적으로 가리는 엄폐, 혹은 가림, 성식occultation 현상을 일으킨다. 행성들이 서로 가까이 다가가는 현상을 근접appulse이라고 하며, 두 행성이 동일한 적경Right Ascension을 공유하는 순간 합conjunction 현상이 발생한다. 아주 드물기는 하지만, 한 행성이 다른 행성 앞을 이동하는 듯이 보일 때 상합일시적으로 천체가 다른 먼 천체에 가려지는 현상. 예를 들면, 달에 의한 별이나 행성의 가림이 발생한다. 2123년에는 금성이 목성 앞을 지나면서 상합이 발생할 것으로 예측된다. 태양 또한 규칙적으로 행성들에게 가까이 다가가는 듯이 보인다. 하지만 태양의 눈부신 빛 때문에 그러한 현상은 관찰이 불가능하다. 단, 수성과 금성이 태양을 지나칠 때는 예외다.

태양계 - 땅이 있는 4개의 행성과 기체로 된 4개의 거성.

태양, 가장 가까운 별

태양은 평균 크기의 별이지만, 다시 말해 직경이 고작 **140만 킬로미터**인 별이지만 여전히 비현실적으로 큰 별이다. 태양 표면은 끊임없는 활동으로 혼란스러우며, 소형 망원경으로도 많은 활동을 관찰할 수 있다.

태양의 내부에서는 핵융합 반응으로 수소가 헬륨으로 전환되고 있으며, 이를 통해 매초마다 4,000,000,000킬로그램이라는 믿기지 않는 양의 기체가 에너지로 전환된다. 태양 내부에는 강력한 자기장이 생성되고 있으며, 이에 교란이 생기면 광구photosphere, 곧 이글거리는 태양 표면에 흑점sunspots을 만든다. 온도 5,500°C의 광구는 흑점 내부보다 최고 2,000°C 더 뜨겁다. 이처럼 온도와 밝기가 크게 차이나는 까닭에 광구에서 흑점이 더 어둡게 보이는 것이다.

태양 주기

태양 활동을 기록한 결과를 살펴보면, 11년을 주기로 태양 원반에 보이는 흑점 수가 증가했다가 감소하기를 반복함을 알 수 있다. 태양 활동이 최저인 극소점에서는 여러 주 동안 흑점이 없다. 극대점에서는 매일 흑점이 늘어나며, 때로 매우 큰 거대 흑점이 생긴다. 이러한 거대 흑점은 알맞은 필터를 사용할 경우 맨눈으로도 볼 수 있다. 다음 태양 극대점은 2022년경이다.

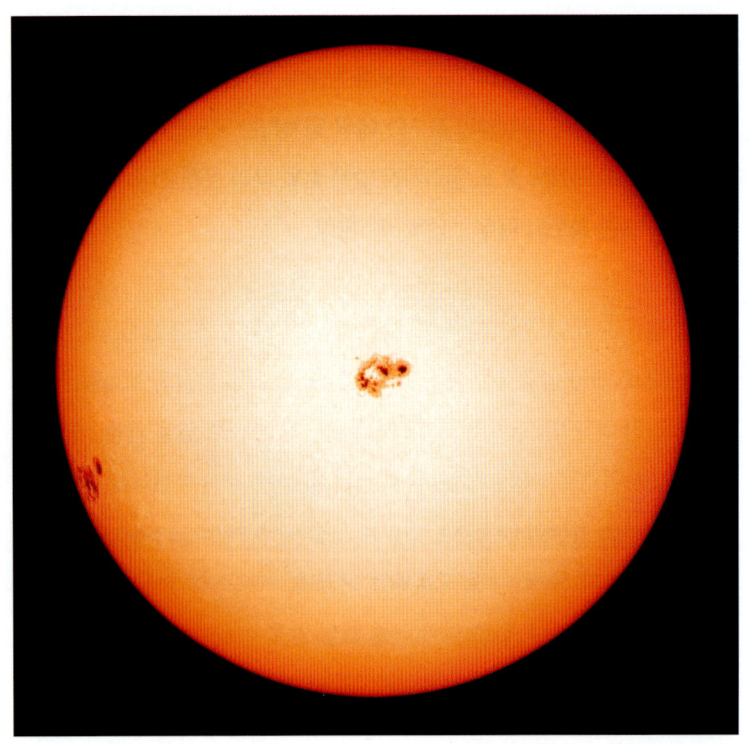

태양의 원반 중심 근처의 거대한 흑점군들, 태양의 가장자리를 따라 돌기 시작하는 흑점(왼쪽).

태양 관측

흑점은 태양의 서쪽 가장자리에서 최초로 보이며, 이어서 보름이 못 되어 동쪽 가장자리로 옮겨진다. 대부분의 흑점은 태양의 자전 주기_{태양 적도에서 약 25일}보다 짧다. 그런데 아주 큰 흑점, 즉 지구 수십 개가 들어가고도 남을 정도로 큰 흑점인 경우, 수개월간 생존하기도 한다. 흑점은 그날그날 형태가 변하는 매혹적인 구조를 가지고 있다. 이의 내부는 본영umbra라고 불리며, 대개 어둡고 특징이 없다. 하지만 이를 둘러싸고 있는 반그늘penumbra 영역은 회색으로, 대부분의 영역에 다량의 방사형태의 직선들이 줄무늬를 형성하고 있다. 흑점들이 항상 고립되어 있는 것은 아니다. 대규모의 흑점군들은 보통 우두머리 흑점이 있고, 그보다 약간 작은 추종자 흑점들이 있으며, 다수의 흑점들은 반그늘에 담겨 있다.

태양 흑점의 가장 두드러진 특징은 쌀알조직granulation 현상인데, 양호한 조건에서 대형 망원경으로 관찰하면 태양의 표면에 두루 형성되는 쌀알조직의 미세 구조를 볼 수 있다. 쌀알조직쌀알무늬은 광구에 있는 다수의 거품성 대류 세포들에 의해 야기된다. 두드러지게 더 밝은, 즉 백반faculae이라고 부르는 영역들이 광구에서 때로 관찰되기도 하며, 보통은 광구의 약간 덜 밝은 태양 가장자리 쪽으로 갈수록 많이 보인다.

주의사항

쌍안경이나 소형 망원경으로 태양을 직접 관찰하는 일은 위험한 행동이다. 고배율로 모아진 햇빛에 1초라도 노출되면 영구적인 실명을 입을 수 있다. 가장 안전한 방법은 태양의 이미지를 보호막이 쳐진 백색 카드에 투사하여 관찰하는 것이다. 하지만 소형 망원경과 접안렌즈의 플라스틱 부품이 모아진 햇빛에 노출되면 녹지도 모른다는 점을 주의해야 한다.

파인더가 있는 망원경이라면 이의 렌즈를 잘 덮어 가리도록 하고, 태양을 직접 조준하려는 시도는 하지 않도록 한다. 태양을 관측하는 동안에는 망원경에 유념해야 한다. 경험이 없는 사람은 자칫 태양을 직접 바라보고 싶은 유혹에 넘어갈지도 모른다. 경험 있는 관찰자라면, 망원경의 조리개를 딱 덮는 크기의 특수 태양 필터를 사용하고 그 밖의 사용방법에 관한 지침을 충실히 따를 것이다. 접안렌즈용의 소형 암흑 필터를 사용해서는 안 되며, 일상생활 용도로 만들어진 자재로 태양 필터를 대신해서도 안 된다. 이들은 우리 눈을 태양 복사에 그대로 노출시킬 것이며 그에 따라 실명을 야기할 수 있다.

다른 빛으로 바라본 태양

특수 필터를 사용해 H-알파H-α라고 하는 적색 띠를 제외한 모든 빛을 차단한 상태에서 태양을 관찰하면 훨씬 많은 활동을 볼 수 있다. H-알파 빛은 광구의 바로 위 태양 대기층인 채층chromosphere, 태양 광구면 주위의 백열 가스층에서 방출하며, 채층 내부에서는 '프로미넌스'라고 하는 거대한 고밀도의 기체 구름이 관찰된다. 물론 일반 빛으로 관찰되는 모든 특징들도 관찰된다. 활성 프로미넌스는 몇 분 단위로 모습을 변화시키는 것처럼 보이기도 하며, 깜짝 놀랄 만한 형태로 발전하기도 한다. 흑점과 마찬가지로 프로미넌스도 강력한 자기 활동과 관련이 있다. H-알파 영상관측기는 매우 비싼 장비이기 때문에 이를 통해 태양을 엿보는 호사를 누린 별지기들은 많지 않다.

일식

태양과 달이 모두 자기 직경의 100배나 되는 거리만큼 멀리 떨어져 지구를 돌고 있는 현상은 놀라운 우연의 일치이며, 지구에서 보면 둘 다 0.5°의 동일한 겉보기 크기로 보인다. 때로 달은 태양 앞을 지나가기도 하는데, 이때 지구 표면에 닿는 태양빛의 일부가 차단된다.

부분일식은 달이 태양의 일부를 가릴 때 관찰된다. 달이 태양의 아주 많은 부분을 가릴 때조차도

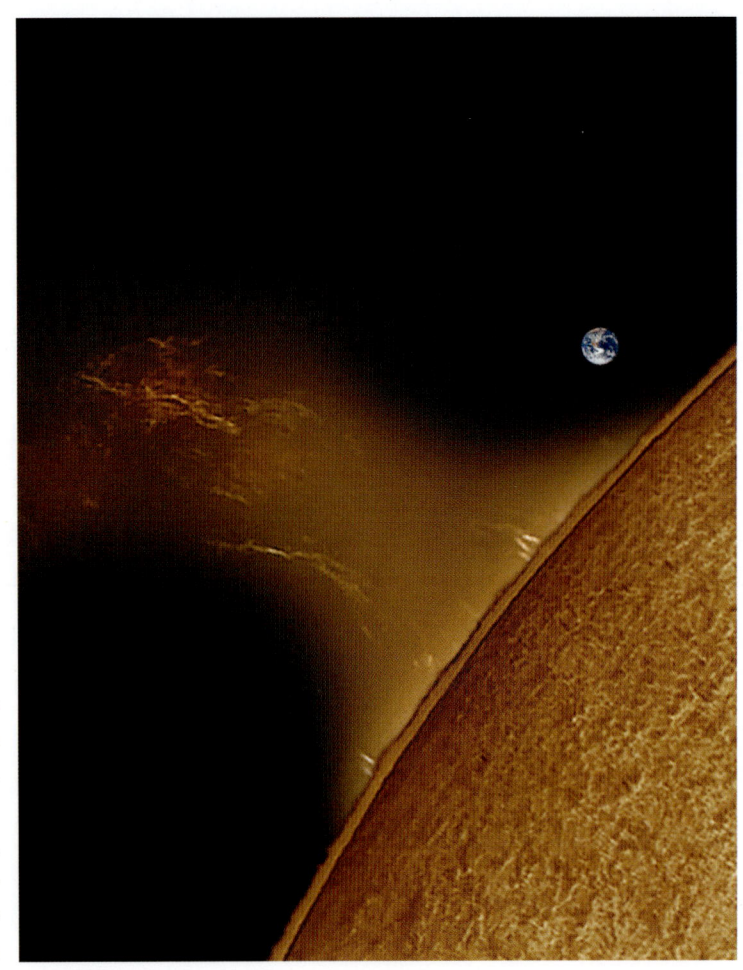

2009년 5월 발생한 태양 표면에서 방출되는 엄청난 기체 분사물, 홍염 또는 태양 홍염(프로미넌스, prominence)이라고 부름. 지구 크기와 비교한 배치. 40mm H-알파 태양망원경으로 촬영.

2006년 3월 29일, 개기일식, 터키 시데 지역에서 촬영. 코로나가 태양에서 멀리 퍼져나가면서 만들어 내는 부드러운 진주 빛깔 스트림들이 보인다.

태양을 맨눈으로 또는 필터를 장착하지 않은 장비로 관찰해서는 안 된다. 아주 작은 태양빛도 눈에 직접 쏘이면 심각한 손상을 일으킬 수 있다. 부분일식을 감상하는 바람직한 방법은 알루미늄으로 처리된 마일러mylar로 제작된 특수 태양 안경을 활용하는 것이다. 이 안경은 그다지 비싸지 않으며, 천문도구 전문상점에서 쉽게 구입할 수 있다. 부분 일식을 확대 관찰하는 또 다른 방법은 태양 이미지를 망원경을 통과시켜 그늘진 백색 카드에 투사하는 것이다. 백색 카드는 접안렌즈로부터 적당한 거리만큼 떨어지게 고정시켜야 한다. 경험이 풍부한 태양 관찰자들은 이밖에도 안전 통-조리개 필터라든지 허셜 쐐기라 불리는 백색광 프리즘을 비롯한 다양한 도구를 활용할 것이다.

달의 중심이 태양의 중심에 포개어지면서 달 주위로 태양빛이 고리를 형성하며 남게 되는 현상이 때로 발생한다. 금환식이라고 하는 이 현상은 달이 지구를 가장 멀리서 돌고, 지구는 태양을 가장 가까이 돌 때, 즉 달의 그림자 원뿔의 가장 어두운 부분이 지구에 닿지 못할 때 관찰된다. 금환식은 그 자체로 굉장한 볼거리임은 분명하지만, 바로 이때도 안전 조치 없이 관찰하는 것은 위험하다.

달의 어두운 그림자는 상황이 유리할 때 가까스로 지구에 닿는다. 즉 '지구-달-태양'의 일직선 배열은 달의 겉보기 직경이 충분히 커서 태양 원반 전체를 가릴 때에만 가능하다. 이것이 개기일식이다. 그림자의 조그만 점만 지구에 닿는 것이므로, 달이 우주공간으로 이동하고 지구가 달 그림자 아래로 공전하기 때문에 아주 좁은 경로에서만 보인다. 개기일식 배열의 양옆에서는 넓은 영역에 걸쳐 부분일식이 관찰된다. 배열 중심선에서 멀어질수록 관찰되는 부분일식도 작아진다.

개기일식은 자연이 빚어내는 소름 돋는 장관 중 하나이다. 아주 짧은 순간 태양이 완전히 가려지면 관찰자는 암흑에 갇히게 된다. 갑자기 공기가 서늘해지면서 주변에 으스스한 침묵이 감돈다. 일단 태양이 가려지면, 하늘에서는 밝은 별과 행성이 보이게 된다. 달의 가장자리가 이 화사한 붉은 프로미넌스에 의해 여기저기 뚫리게 되고, 진주 빛깔의 코로나 스트림이 태양의 바깥 대기로부터 흘러나오는 모습이 보인다. 오직 개기일식 동안에는 태양을 직접 관찰해도 안전하다. 아주 드물게 개기일식이 7분 이상 지속되기도 하지만 보통 그보다 훨씬 짧다. 달이 이동하면서 달의 가장자리에 있는 달의 계곡을 흐르던 햇빛 스트림들도 움직인다. 개기일식이 막바지에 이르면 영광스러운 다이아몬드 반지 효과가 등장하면서 종말을 고하게 된다.

달, 지구의 위성

수십억 년 동안 달은 지구와 짝을 이루어 태양을 함께 공전했다. 달은 애틋한 표정으로 이 커다랗고 푸른 짝꿍 지구에서 일어나는 일들을 묵묵히 지켜보고 있다. 공룡의 흥망을 지켜보았고, 비교적 근래에는 인류의 도착을 목격했다.

밤하늘을 바라보면 누구라도 우리의 동행인 달을 금방 알아볼 수 있다. 직경이 3,476킬로미터로 측정되는 달은 지구의 4분의 1 크기다. 이는 미국 영토의 너비에 맞먹는다. 달은 우리에게 알려진 유일한 천연 위성natural satellite이며, 태양계에는 이 돌덩어리 구체보다 더 큰 천연 위성이 4개밖에 없다. 달은 비교적 크기가 크기 때문에, 지구와 달을 이중행성이라고 보기도 했다.

달의 기원과 역사

달이 아주 조그만 행성과 어린 지구 간에 벌어진 수백만 번의 충돌 중, 단 한 번의 충돌로 생성되었다는 확률적 가정은 실로 믿기지 않는 이야기처럼 들린다. 하지만 이것이 오늘날 가장 널리 수용되고 있는 달의 기원에 관한 가설이다. 이 밖에도 달은 지구가 빠르게 회전하면서 내던져져서 생성되었다, 포획된 행성이다, 지구가 생성되고 남은 잔해 고리들이 뭉쳐 형성되었다는 등의 가설들이 있다. 하지만 이들은 우리가 갖고 있는 달 자료와 맞아떨어지지 않는다. '한방 충돌설'은 화성만 한 행성이 지구와 충돌하는 모습을 상상하게 해준다. 충돌한 행성의 무거운 핵은 지구의 물질과 합쳐졌고, 충돌한 행성의 가볍고 말랑한 맨틀 물질은 지구의 그러한 맨틀과 혼합되어 우주공간으로 날아갔고, 거기서 궤도를 돌면서 더욱 응결되어 달이 되었다.

일단 형성되고 이의 지각이 고체화된 달은 이어서 소행성의 집중 폭격을 받는 시기를 거친다. 우리 지구도 태양계가 형성되고 남은 잔해로부터 그와 비슷한 폭격을 받았다. 하지만 그 흔적은 말끔히 사라졌는데, 지각을 변형시키는 판 구조지질학적 운동의 끊임없는 활동과 더불어 화산 활동, 부식, 침강 활동 등으로 과거의 흔적을 감추기 위한 최선의 노력이 진행된 덕분이다. 그런데 달의 지각은 오랜 세월 단단한 고체로 부동의 자리를 지키고 있다. 사방에 깊이 파인 주름은 화산 활동과 소행성과의 충돌 흔적을 그대로 보여주고 있다. 그러한 활동은 대부분 수십만 년 전, 일찍이 공룡이 지구를 점령하고 있던 시절에 일어났다. 그럼에도 쌍안경과 망원경으로 보면 이러한 뚜렷한 고대의 특징이 다수 관찰된다. 이러한 지식이 없는 관찰자라면 아주 오래된 지각, 약 수십만 년 전에 형성된 지각을 관찰하게 된 경우 근래에 형성된 지각이라고 착각할 것이다.

달은 비교적 질량이 작고 중력이 낮기 때문에 실질적인 대기를 붙들고 있을 수 없었고, 이의 거친 표면을 흐르는 물줄기도 마찬가지로 대기를 붙들 수 없었다. 따라서 달은 생성된 이래 한 번도 모종의 생명체가 출현한 적이 없을 것이다. 이처럼 달은 생성된 이래, 즉 46만 년 내내 완전히 불모지로 남아 있다.

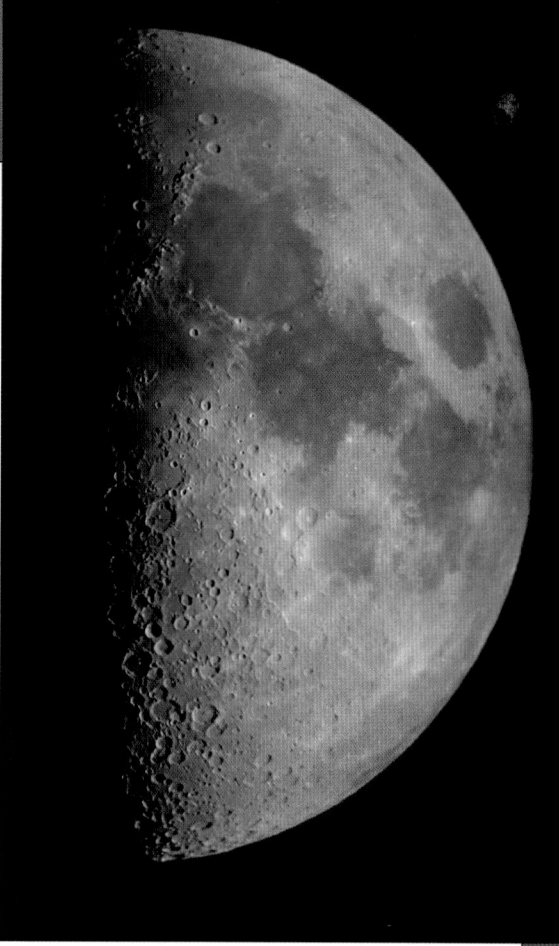

상현달, 127mm 굴절 망원경 + 디지털 카메라로 촬영.

우주 공간에서의 달

달은 지구로부터 평균 384,400킬로미터 떨어져 매 27.3일에 걸쳐 거의 원에 가까운 궤도를 돌며, 손가락 끝으로 가려질 만큼 작은 약 0.5° 지름의 원반을 보여준다.

달이 지구에서 가장 멀리 떨어진 원지점 apogee에 이르면 약 406,700킬로미터까지 멀어지고, 가장 가까운 근지점 perigee에서는 356,400킬로미터까지 다가온다. 근지점에서 각경은 거의 33.5'이며, 원지점에서는 29.5' 미만으로 측정된다. 이는 근지점에서 달의 겉보기 면적이 원지점에서보다 거의 3분의 1 더 크다는 뜻이다.

달은 궤도를 돌면서 오직 한 얼굴만 지구에게 보인다. 이의 먼 뒤쪽은 우리 시야에서 영구히 감춰져 있다. 칭동 libration이라고 하는 이 현상에 따라 지구에서는 달의 59퍼센트만 관찰되는데, 달의 흔들 운동이 실시간으로 관찰되기에는 속도가 너무 느리기 때문

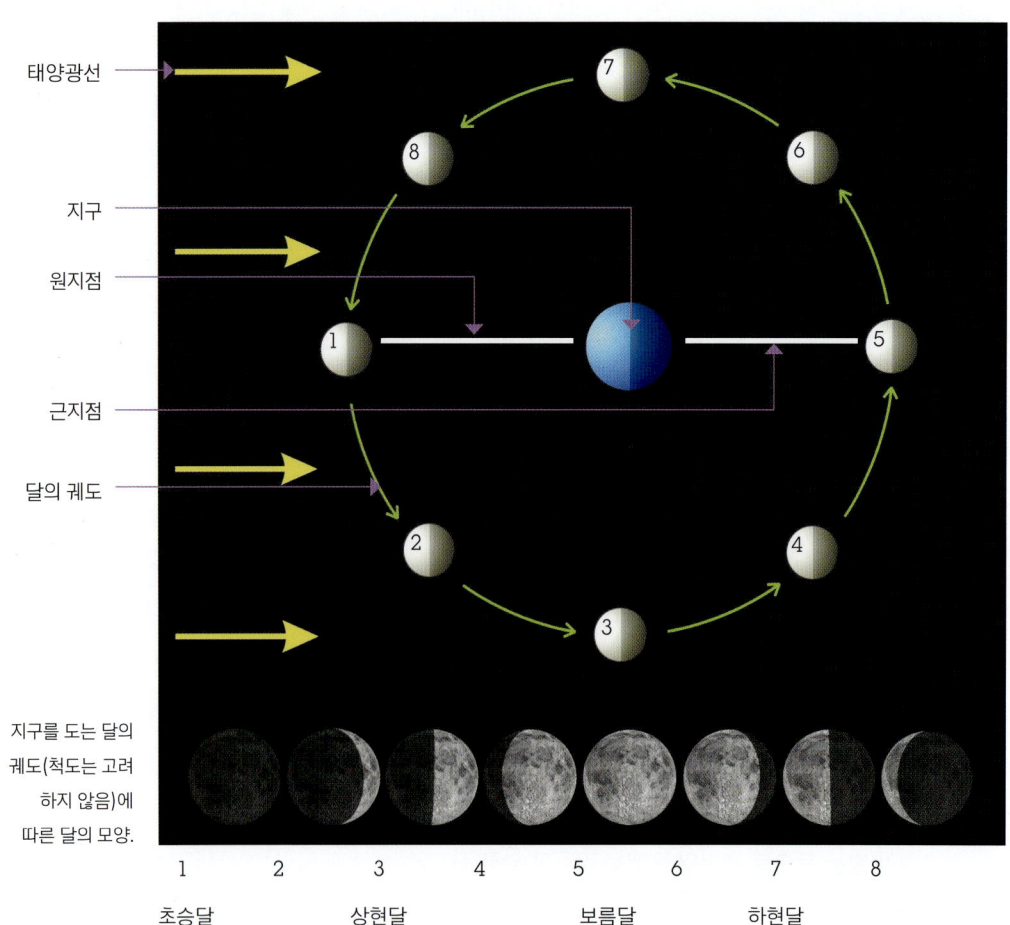

지구를 도는 달의 궤도(적도는 고려하지 않음)에 따른 달의 모양.

1 초승달   3 상현달   5 보름달   7 하현달

에 나타나는 현상이다. 나머지 41퍼센트의 달 표면은 대륙 관찰자에게는 영구히 감추어져 반대편을 이루고 있다.

달의 위상 변화

달은 지구를 돌면서 태양에 의한 조명빛 비춤 각도가 서서히 변화하며, 달의 조명된 부분에 따라 초승달에서, 중간 크기의 상현달, 이어서 보름달, 중간 크기이 하현달, 초승달에서 다시 새로운 달로 모양이 변화한다. 보름달에서 달은 태양의 완전 반대편에 있고, 가장 밝게 빛난다. 새 달은 달이 하늘에서 태양과 지구 사이에 있을 때이며, 우리의 전망에서는 조명이 전혀 없어 보인다. 달의 이러한 모양 변화는 매 29.5일을 주기로 반복된다.

하늘의 별들을 배경으로 매시간 자신의 지름만큼씩 서쪽에서 동쪽으로 이동하는 달은 매일 약 13°를 운동하는 셈이다. 달의 이동 경로는 황도와 가깝게 위치한

달의 위상 변화.

다. 황도는 태양이 일 년에 걸쳐 황도12궁을 거치면서 지나가는 길이다. 상현달은 태양이 3달 후에 위치하게 될 곳에 나타나고, 하현달은 태양이 3개월 전에 위치했던 곳에 나타난다.

달이 태양의 정반대편에 있을 때는 완전히 빛을 받은 모습으로, 태양이 6개월 내에 있게 될 곳에 아주 가깝게 위치한다. 태양과 지구와 달이 정확히 일직선을 이룰 때 월식이 나타나며, 이때 보름달은 지구 그림자를 통과하며 지나게 된다. 하지만 대개의 달은 지구 그림자 위나 아래로 지나치므로 월식이 일어나지 않는다.

북반구의 동지점 근처에서 태양은 남쪽으로 가장 기울어지며, 이때 보름달은 한밤중에 황소자리나 쌍둥이자리를 높이 달리고 있다. 북반구의 하지점에서 태양은 하늘에 가장 높이 뜨고, 보름달은 궁수자리에 아주 낮게 걸려 있고, 한밤중에는 남쪽 지평선 바로 위로 고개를 내밀고 있다. 남반구에서는 이와 정반대 상황이 벌어진다.

지구광

지구조 또는 지구광달의 어두운 부분을 엷게 비추는 지구의 반사광이란 달의 어두운 편이 희미하게 빛나는 현상으로, 달이 초승달일 때 어두운 하늘에서 가장 선명히 관찰된다. '늙은 달이 어린 달의 팔에 안겨 있는 장면'이라고도 불리는 이 멋진 장관은 태양빛에 의해 생기는데, 달의 어두운 편이 지구에서 반사된 태양빛에 의해 빛나는 것이다. 지구조로 빛을 받은 달 표면의 여러 가지 특징은 쌍안경으로도 선명히 확인할 수 있다.

달 착시

보름달 또는 거의 보름달에 가까운 달이 지평선에 가깝게 있을 경우 달의 크기가 뜻밖에 크게 보이기도 한다. 실제로는 달이 지평선 근처에 있을 때 알아차릴 수 없을 정도지만 더 작게 관측되는데, 이는 우리의 관점 때문이다.

달의 겉보기 직경은 항상 0.5°로, 하늘의 위치에 상관없이 일정하다. 그럼에도 달 착시 현상은 강력하다. 이는 주로 하늘을 너르게 펼쳐져 있는 돔의 내부로 인식하는 우리의 느낌 탓이다. 이러한 착각은 낮 시간에는 구름과 다른 천체들을 바라보는 전망 효과에 의해 더 강화된다. 그들도 모두 돔 아래를 지나치기 때문이다. 천체들은 마치 가상의 돔 내부에 부착된 듯 보인다. 달이 지평선 근처에 있을 때 우리는 달이 아주 멀리 있고 따라서 그 각도에 달을 대입해보면 큰 천체임이 틀림없다고 생각하는 것이다. 반면 달이 우리 머리 바로 위에 있으면 무의식적으로 우리와 아주 가깝게 느껴지고 크기도 더 작게 생각된다. 이러한 착시는 별자리의 크기에 대해서도 똑같이 적용된다. 예컨대, 카스토르와 폴룩스는 지평선 근처에 있을 때 더 멀리 떨어진 듯 보인다.

월식과 성식

때로 보름달은 지구가 우주공간에 던진 그림자를 통과해 지나면서 월식을 경험한다. 그렇다 해도 달이 완전히 우리 시야에서 사라지는 것은 아니며, 심지어 지구 그림자에 완전히 잠긴 경우에도 그렇다. 지구 가장자리에서 대기에 의해 햇빛의 일부가 휘고, 그것이 달의 표면에 닿기 때문이다. 이렇게 휜 빛은 강한 적색을 띠고 있다. 그에 따라 월식 달은 색깔이 더 붉어 보이는 것이다. 월식 때마다 색조가 다른데, 밝은 주홍색에서 진한 적갈색을 띠기도 한다. 월식은 달이 지구 그림자로 들어간 시점부터 그림자를 빠져나온 순간까지 수 시간 지속되기도 한다. 고정식 쌍안경으로 월식을

지구 반사광이 갓 만들어진 초승달의 어두운 편을 비추고 있다. DSLR로 촬영(고정촬영).

우리는 달이 높이 떴을 때보다 지평선 바로 위에 낮게 걸렸을 때 달의 크기를 더 크게 지각한다. 달 착시는 우리 뇌에 단단히 고정된 인식 때문이다.

잘 감상할 수 있다. 개기월식 때는 달이 완전히 우주에 떠 있는 기막힌 장면을 목격하게 되는데, 이 때의 달은 찬란한 스타필드 사이에 걸린 어둑한 달이다. 이러한 구도는 보통의 보름달일 때는 볼 수 없는 것이다.

달은 하늘을 이동하면서 수시로 별들 앞을 지나치고, 별들을 잠시 숨기면서 보이지 않게 가리기도 한다. '성식'이라고 하는 이 현상 또한 굉장한 볼거리다. 달의 가장자리가 어떤 별을 덮으면서 빛이 꺼지는 듯이 나타나는데, 너무도 갑작스럽게 벌어지는 이 극적인 사건은 어떤 관측자라도 소름 돋게 한다. 때로는 행성이 달에 의해 가려지는데 이는 몹시 기대되는 사건이기도 하다. 금성, 목성, 토성 같은 큰 천체의 성식은 수십 초에 걸쳐 일어나고, 달과 행성을 고배율의 동일 시야에서 볼 수 있는 즐거움을 얻을 수 있기 때문이다. 달에 의한 성식 요일과 시간을 모두 수록하고 있는 안내 책자들을 많이 찾아볼 수 있다.

(위) 개기월식의 아름다움. 160mm 굴절 망원경 + DSLR 카메라로 촬영.

(아래) 달에 의한 토성 성식. 100mm 굴절 망원경 사용, 저자 관찰.

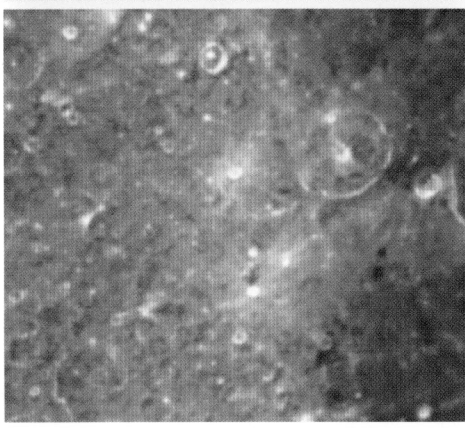

울퉁불퉁한 달 표면에 대해 우리의 인식
변화를 조명한 사진. 일출, 이른 아침, 한낮에
촬영한 분화구 테오필루스(Theophilus),
키릴루스(Cyrillus), 카다리나(Catharina)

달구경

달은 지구와 아주 가깝기 때문에 무척 밝고 커 보인다. 심지어 이의 표면에 나타나는 뚜렷한 특징들은 맨눈으로도 볼 수 있다. 쌍안경으로 달을 바라보는 일은 흥미진진하다. 지구 쪽에서 가까운 달 표면에서 가장 분명히 보이는 특징은 다수의 검고 평평한 거대 영역들과 이들 주변을 에워싼 산맥들이다. 방대하게 펼쳐진 용암, 즉 수십만 년 전에 흘러나와 굳어진 마리아 라틴어로 바다를 뜻함가 있다. 마리아는 보통 둥근 모양인데, 거대한 소행성과 충돌해 움푹 파인 지형에 담겨 있기 때문이다. 이와 대조적으로 지구에서는 보이지 않는 달의 뒤편에는 용암이 흘러내린 영역이 거의 없다. 대신 울퉁불퉁하고 곰보자국이 진 온갖 크기의 분화구들로 뒤덮여 있다.

달에는 분화구들이 많은데, 특히 지구 쪽의 남쪽 고지대에 분화구들이 밀집해 있다. 달 표면에는 지름이 1미터가 넘는 분화구들이 약 3조 개 존재하는 것으로 추산되며, 이들 중 수만 개는 소형 망원경으로 관찰될 만큼 크기가 크다. 이처럼 놀라우리만치 많은 분화구들은 소행성과 혜성, 유성체의 충격으로 형성되었다. 대부분 생성 시기가 같지만, 똑같이 생긴 분화구는 하나도 없다. 아주 오래된 일부 분화구들은 심하게 부식되었으며, 낮은 조명 각도에서만 관찰된다. 일부 분화구들은 담벼락과 장대한 구조물을 가진 것도 있고 한가운데 산이 우뚝 솟아 있기도 하지만, 대부분의 거대 분화구들은 용암으로 뒤덮인 흔적뿐이다.

달의 명암경계선terminator이 달의 얼굴을 횡단함에 따라, 이 명암경계선에 가까운 부분들은 밝고 두드러져 보이며, 분화구들은 그림자가 지게 된다. 이를 본 관찰자들은 분화구가 매우 깊이 파였고, 뾰족한 산들이 여기저기 솟은 줄 안다. 하지만 이는 낮은 조명 각도에 의한 착시현상이다. 명암

경계선에서 멀어지면 심하게 파인 특징들도 사라진다. 오후의 태양 아래서는 그림자가 조금도 드리워지지 않기 때문에 이러한 특징들조차 완전히 사라지며, 주변과 별로 다를 바 없어진다.

쌍안경으로 관찰하면 수백 개의 충격 분화구들이 보인다. 이들의 형태는 나이와 크기에 따라 다르며, 화산 활동이나 반복된 충돌 같은 그 밖의 다른 요소들이 이들의 형태를 얼마나 변화시켰는지에 따라서도 달라진다. 신생 분화구들은 선명하고 밝으며, 많은 분화구들이 방출된 물질들이 내뿜는 광선에 둘러싸여 있는데, 이들은 달 표면으로 수백 킬로미터까지 뻗어있는 것도 있다.

망원경으로는 달 표면에서 훨씬 많은 것들을 볼 수 있다. 마리아들의 경계에 우뚝 솟은 인상적인 산맥들이 있으며, 그 가운데 유명한 것은 달에서 가장 큰 마레 임브리움Mare Imbrium, 비의 바다이다. 쥐라Jura, 알프스Alps, 아펜니노Apennines, 카르파티아Carpathians 산맥이 이의 가장자리를 장식하고 있다. 이 장엄한 산맥들은 마레 임브리움을 생

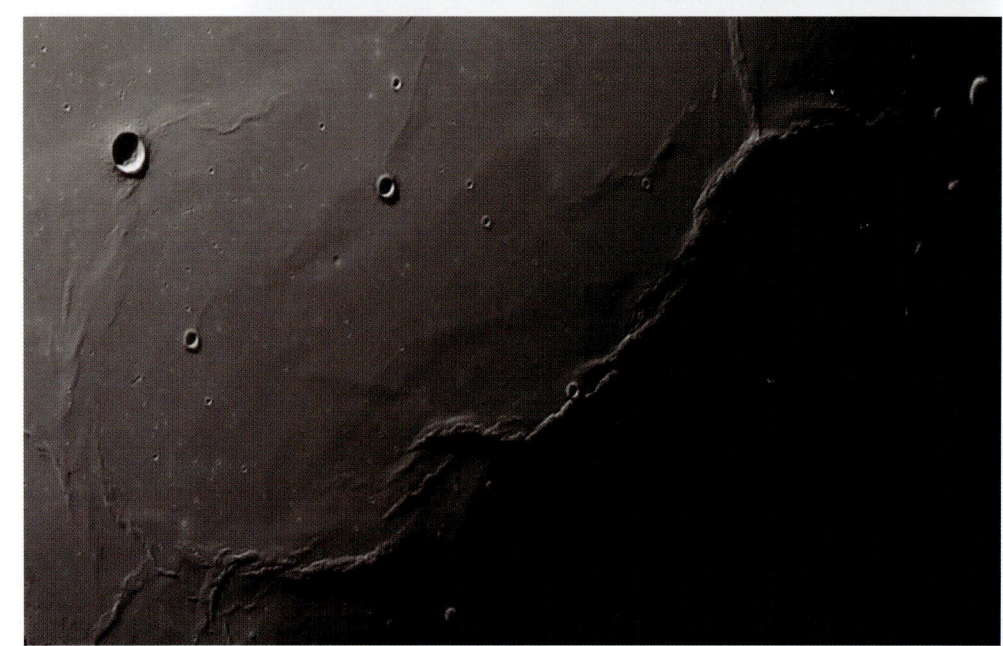

(왼쪽 위)
오후 해가 비치고 있는 마레 임브리움의 북쪽 경계, 달의 알프스 산맥에 깃들어 있는 거대한 암흑 바닥의 분화구 플라토(Plato), 산맥을 가로지르며 관통하고 있는 알파인 계곡. 250mm 반사 망원경 + 냉각 CCD 카메라로 촬영.

(왼쪽 아래)
마레 세레니타티스(Mare Serenitatis, 맑음의 바다)에 있는 굽이진 물결 모양의 등성이, 도사 스미르노프 14"슈미트(Dorsa Smirnov), 카세그레인 망원경 + 냉각 CCD 카메라로 촬영.

성시킨 거대한 소행성 충돌의 직접적인 결과로 형성된 것들이다.

달의 산맥들은 주변에 비해 인상적인 높이로 우뚝 솟아 있다. 예컨대, 아펜니노의 정상들은 모두 5,000킬로미터 이상이다. 이들 산맥이 달 일출 후나 일몰 전에 마리아 평원에 들쭉날쭉한 검은 그림자를 드리우는 광경을 바라보는 것도 환상적이다. 사실 달의 산맥들은 지구의 알프스나 히말라야처럼 뾰족하거나 가파르지 않다. 약 30°의 기울기로 비교적 완만하고, 수십만 년에 걸쳐 지속된 자잘한 운석들의 공격과 이로 인한 모래폭풍으로 둥글게 다듬어져 있다.

달의 지각 일부는 견인성끌어당겨져 분리되는 지각운동을 겪으며, 그에 따라 단층선을 따라 금이 가 있다. 직선벽Straight Wall으로 알려진 유명한 단층은 마레 누비움Mare Nubium, 구름의 바다의 동쪽으로 110킬로미터 길이의 거대한 절벽을 형성하고 있다. 릴rille이라고 하는 아치형의 좁고 길게 파인 홈으로 이루어진, 긴 만곡의 단층계곡이 마리아의 가장자리 근방의 달의 지각을 관통하고 있고, 일부 개별 분화구의 바닥은 직선 릴이라고 하는 일직선의 갈라진 틈이 관통하고 있다. 대부분의 릴들은 열곡graben이라고 불리는 균열 계곡들로, 두 인접한 평행 단층 사이의 지각이 함몰되면서 형성된 것이다. 현재까지 이러한 특징을 가장 잘 보여주는 지형은 알파인 계곡Alpine Valley이다. 160킬로미터 길이와 18킬로미터 폭의 이 거대한 지각 균열은 달의 알프스 산맥을 깔끔하게 가르고 있다.

마리아에서 발견되는 대다수의 릴들은 굽이진 길로 나 있고, 말라버린 강바닥처럼 보인다. 이러한 릴을 물결 릴sinuous rilles이라고 하는데, 이는 용융된 용암 물결이 빠르게 흐르면서 형성한 부식성 특징이다. 물결 릴의 대표적인 예는 쉬로이터 계곡Schröter's Valley으로, 눈부신 빛살 분화구 아리스타르쿠스 산Aristarchus 근처의 폭풍의 바다Oceanus Procellarum에서 발견된다. 코브라의 머리Cobra's Head로 불리는 넓은 코브라 머리 형태로 시작되는 쉬로이터 계곡은 평원에 걸쳐 160킬로미터 길게 굽이져 있다. 소형 망원경으로 보름달이 되기 2, 3일 전에 이 계곡을 관찰하면 폭은 10킬로미터 이상이고, 깊이가 1,000미터에 달하는 곳들을 볼 수 있다.

마리아의 내부에는 만과 유령 분화구들이 있다. 오래된 충돌 분화구로, 벽들이 용암 흐름에 의해 깨져 있고 틈새에 용암이 끼어 있기도 하다. 마리아로부터 튀어나와 있는 고립된 산들은 분지의 용암 흐름 아래로 완전히 침몰되지 않은 내벽 잔류물들이다. 이를 관찰한 결과, 낮은 돔과 둥근 언덕배기들은 오래전 소멸한 달의 화산들로 보이며, 그중 일부는 휴화산들로 추정된다. 용암 흐름에 의해 생성된 작은 계곡들로 일부 돔의 측면을 따라 굽이쳐 흐르는 것들도 관찰된다. 조명 조건이 맞으면, 마리아를 가로지르며 흐르고 있는 낮고 긴 등성이들이 관찰되는데, 이들은 용암 흐름이 중단된 후 냉각되고 수축되면서 형성된 주름들이다.

알 수 없는 달의 행동

색깔을 띤 국지성의 은은한 불빛이라든지 암흑화나 순간적 섬광과 같은 달의 순간적 현상들Transient lunar phenomena, TLP은 드물게 관찰된다. 기록된 TLP는 대부분 아마추어들이 작성한 것으로 그들의 관찰을 지지할 과학적 증거는 많지 않다. 은은한 불빛과 암흑화 현상은 달의 탈기작용과 전기적 활동으로 일어날 수도 있다. 달 표면의 섬광은 동영상으로 촬영되었는데, 유성우와 우연히 일치한다. 따라서 조그만 유성체들의 충격으로 발생한 것일 수도 있다.

(위) 기울어가는 볼록한 달(반 조명과 완전 조명 사이의 위상). 보름달 2,3일 후. 어두운 부분은 저지대 용암 평원이고, 밝은 영역은 산맥과 분화구들이 많은 영역이다.

(아래) 완만한 저지대 평원(아폴로 11호가 착륙한 지역, 마레 트란퀼리타티스(Mare Tranquilitatis, 고요의 바다와)와 분화구가 많은 고지대(아폴로 17호가 착륙한 지역, 타우루스-리트로우) 비교. 나사 괘도탐사 위성 LRO 촬영. 착륙 단계와 우주인들이 남긴 트랙을 볼 수 있다.

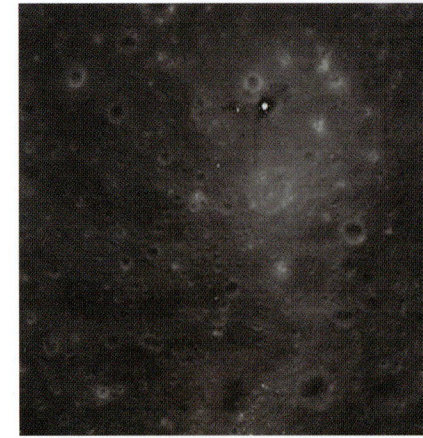
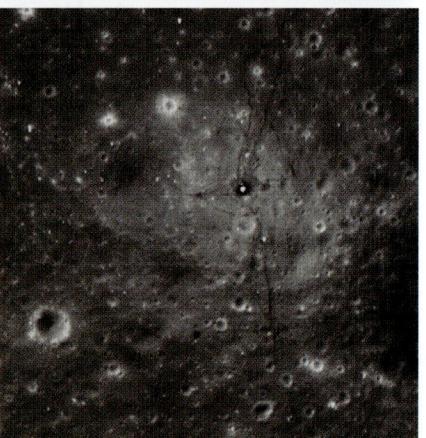

내행성

수성과 금성은 지구보다 더 가까이서 태양 주위를 돈다. 이 때문에 이들을 내행성이라고 부른다. 이들은 태양에서 멀어지면서 헤매는 일은 결코 없어 보인다. 두 행성은 황혼이나 동틀 무렵에 빛나는 모습으로 맨눈에 관찰되기도 한다.

망원경으로 수성과 금성을 관찰하면, 태양으로부터 멀어지는 각각의 시간 동안 위상의 순차적 변화는 물론 이들의 겉보기 직경 변화를 볼 수 있다. 외합에서부터 내행성을 따라가 보면, 이들이 궤도에서 가장 먼 위치를 달리고 있을 때, 태양의 광채에 의해 보이지 않다가 태양의 동쪽으로 밀려난 듯 나타나기 시작한다. 일단 태양에서 충분히 멀어진 다음에는 어둑어둑한 저녁 하늘에서 보이기도 하는데, 망원경으로 보면 조그만 볼록 원반반원보다 크고 원보다 작음이 보일 것이다.
태양에서 멀어지면서 내행성의 위상은 반쪽 또는 이분 Dichotomy이 될 때까지 감소한다. 이 시점이 태양의 동방최대이각이다. 그런 다음 행성은 태양 쪽으로 이동하기 시작하고, 이의 위상도 다시 초승달이 되고, 태양의 광채에 의해 다시 한 번 사라질 때까지 초승달은 점점 더 커진다. 수성이나 금성이 지구와 태양 사이를 지날 때 내합에 이른다.

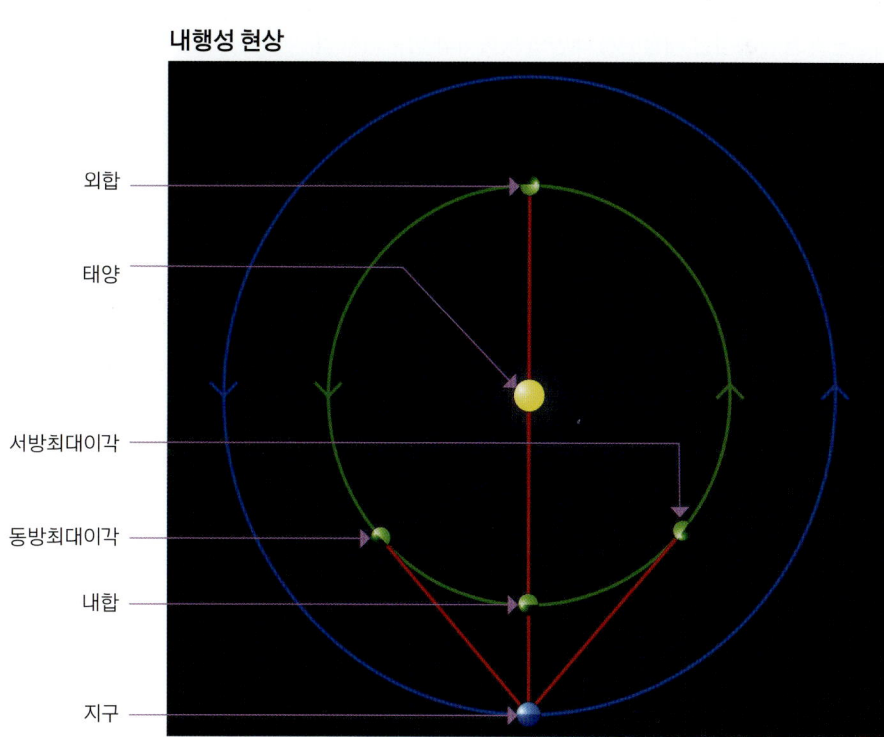

내행성에서 일어나는 현상들. 동방이각은 저녁에, 서방이각은 아침에 일어난다. 합은 지구, 내행성, 태양이 거의 일직선으로 배열되는 때로, 내합은 행성이 지구 편에 있을 때, 외합은 태양 편에 있을 때를 말한다.

대부분의 경우 행성은 내합에서 태양의 북쪽이나 남쪽에서 약간 떨어져 지나게 된다. 하지만 내행성이 태양과 지구 사이를 정확하게 지나치는 아주 드문 경우가 발생한다. 이때 태양 원반을 가로지르는 듯이 보이며, 작은 원형의 실루엣처럼 보이기도 한다. 행성이 태양의 서쪽으로 이끌려짐에 따라 결국 동이 트기 직전에 보이게 된다. 이를 망원경으로 보면 커다란 초승달 위상으로 보일 것이다. 행성의 위상은 서서히 볼록해지고, 이의 겉보기 직경은 조금씩 감소한다. 태양의 서방최대이각에서 이분에 도달한다. 행성은 다시 한 번 태양에 더 가까워지고, 더욱 볼록한 위상이 되어가며, 겉보기 직경은 계속해서 작아지다 마침내 태양 광채에 가려져 버린다. 이러한 과정은 외합에서 다시 시작된다.

매일 아침과 저녁마다 수성과 금성이 잘 보이는 것은 아니다. 온대지역인 중위도에서는 일출이나 일몰 지평선에서 황도 각도는 계절에 따라 달라진다. 남반구와 북반구에서 모두 관찰했을 때, 수성과 금성의 동방이각은 봄에 가장 잘 보이며, 이때 행성은 일몰 서쪽 지평선 위로 가장 높이 뜬다. 내행성의 서방이각은 가을에 가장 잘 관찰되며, 이때는 일출 전에 동쪽 지평선 위로 가장 높이 뜬다.

내행성 궤도 척도

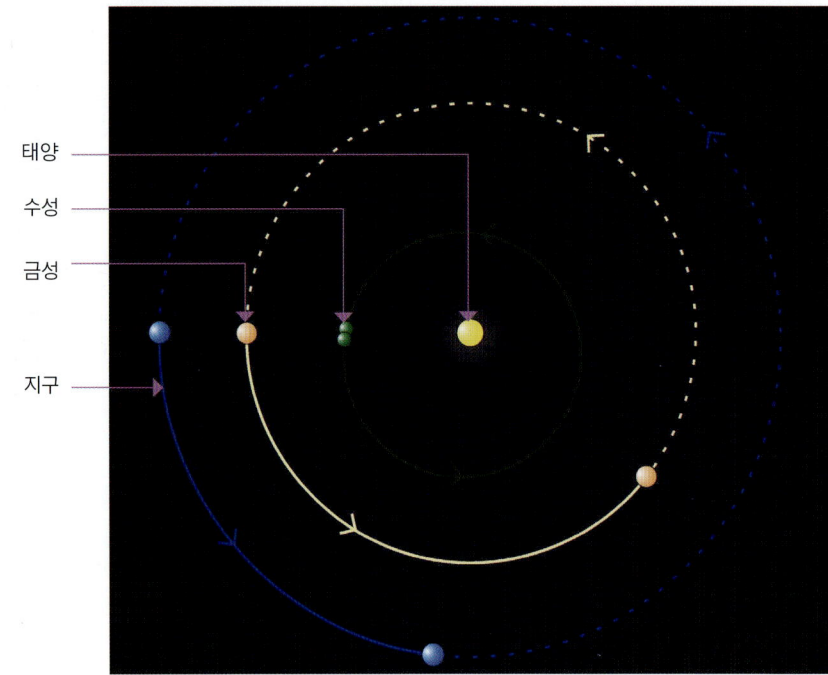

굵은 선 =
동일 기간으로 본
각 행성의 운동
(1수성궤도, 혹은 88일)

수성과 금성 모두 지구보다 궤도 주기가 짧다. 수성은 88일 만에 한 바퀴를 돌고, 금성은 225일 걸린다. 지구의 공전 주기는 365일이다. 위 도표는 수성의 88일을 기준으로 행성들의 상대적 운동을 보여준다.

수성, 햇볕에 구워진 바위

수성은 맨눈으로 관찰하기 가장 까다로운 행성이다. 매 88일마다 태양을 날쌔게 일주하며, 태양과 가장 큰 각을 이룰 때, 약 1,2주에 이르는 짧은 기간 관찰 조건이 가장 좋다. 도시인들은 수성을 찾기가 매우 어려운데, 일출이나 일몰 지평선 근처에서 항상 낮게 나타나기 때문이다. 수성을 관찰하려면 지평선에 걸림돌이 없어야 하고, 근지평선의 흐린 대기를 뚫고 빛날 수 있을 정도로 높이 떠 있어야 한다. 수성은 북반구에서 봄날 저녁 하늘 또는 가을날 아침 하늘에서, 지평선 위로 최고 높이에 올라 있을 때, 즉 일출 전 30분 또는 일몰 후 30분에 가장 잘 관찰된다.

수성은 하늘에서 가장 밝은 별인 시리우스처럼 밝게 나타나기도 한다. 이때는 장밋빛을 띠고 반짝거린다. 망원경으로 보면, 달의 두 배 크기의 밋밋한 바위 같은 이 작은 행성은 관찰되는 것이 별로 없는 작은 원반일 뿐이다. 물론 고배율로 보면 이의 위상 변화는 분간할 수 있다. 약 30년 전 마리너 10호 우주탐사기 Mariner 10 space probe가 이 행성을 촬영하고 나서야, 비로소 이의 표면이 달의 고지대처럼 분화구로 두텁게 뒤덮인 사실을 알게 되었다.

망원경으로 보아도 수성은 작은 원반으로 보일 뿐이다. 고배율로 보면 이의 위상을 감지할 수 있다. 하지만 표면의 특징들은 매우 희미해 잘 포착되지 않는다. 많은 관찰자들이 밝은 대낮 수성이 하늘 높이 떴을 때부터 관찰하기 시작해 일출 후까지 연속해서 추적하는 방법을 선택하거나 전산화된 위치 추적 시스템을 장착한 망원경을 활용한다. 보호 장비 없이 대낮에 망원경으로 하늘을 훑어보며 수성의 위치를 따라가는 일은 위험천만한 일이다. 고배율 처리된 태양빛에 아주 잠깐만 노출되어도 시력을 잃을 수 있기 때문이다.

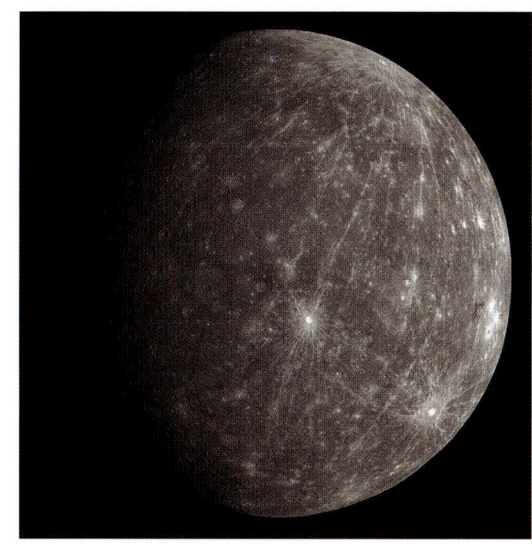

나사 메신저 호가 촬영한 수성. 분화구가 두텁게 뒤덮이고 있으며, 일부 어린 분화구들은 분출물이 야기하는 밝은 스플래시로 둘러싸여 있다.

금성, 기만적인 아름다움

금성은 아침과 저녁 하늘에서 눈에 잘 띄는 밝은 천체이다. 깜깜한 하늘에서 금성을 볼 경우 어떤 사람들은 금성을 UFO로 착각할 만큼 황홀하다. 지미 카터 전 미국 대통령도 일명 '외계와의 조우'라는 제목으로 공식 보고서를 제출했다는 일화는 유명하다.

금성의 공전 주기는 225일로 넉넉하다. 이는 매해 태양으로부터 두 차례 최대이각이 가능하다는 뜻이다. 최대이각에서 금성은 태양으로부터 놀랍게도 45°까지 다가간다. 따라서 일몰 후나 일출 전 수시간 동안 하늘에 높이 뜬 금성을 관찰할 수 있다. 금성을 가장 잘 관찰할 수 있는 시기는 북반구에서나 남반구에서 모두 봄날 저녁이나 가을 아침이며, 각각 일몰 지평선과 일출 지평선에서 가장 높이 떠 있다.

지구와 크기가 비슷한 금성은 아주 두터운 구름 띠가 휘감고 있어서 망원경으로 표면을 관찰할 수 없다. 한때는 금성이 생명이 번성하기에 적합한 조건을 갖추었다고 여겨지기도 했다. 하지만 우주탐사기가 발사되고 이의 표면에 착륙했을 때 그러한 생각은 완전히 사라져 버렸다. 사랑의 여신을 본뜬 이름의 금성은 구약성서에서 묘사하는 지옥에 가장 근접한 태양계 행성으로 판명되었는데, 황산 구름이 이산화탄소 대기를 표류하고 있었던 것이다. 금성 표면의 대기압은 압력밥솥의 대기보다 높고, 온도는 전기오븐보다 훨씬 뜨겁다. 망원경으로 보면 금성 구름의 일부 특징이 관찰되는 경우도 있다. 하지만 대

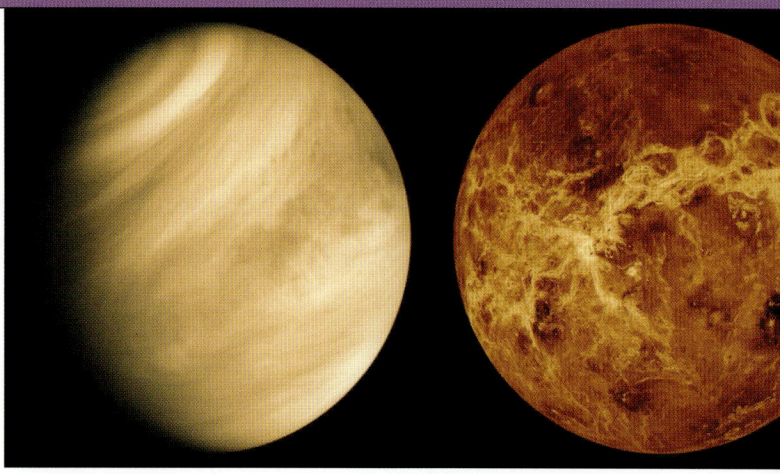

나사 마리너 10호가 촬영한 금성(왼쪽)과 마젤란이 촬영한 금성(오른쪽). 마리너의 이미지에서는 행성의 밝은 구름 상층이 보이고, 레이더(전파탐지기)를 활용해 두터운 대기층을 뚫고 촬영한 마젤란의 이미지에서는 화산 같은 기이한 표면이 보인다.

개 뚜렷하지 않다. 그럼에도 특징이 나타나는 동안에는 행성의 위상이 분명하게도 조그만 볼록 원반에서 제법 큰 초승달로 변해간다.

내행성이기 때문에 금성도 때로 태양과 지구 사이를 지나치는데, 이때 한두 시간에 걸쳐 태양면을 가로지르며 이동하는 검은 점으로 나타난다. 금성의 이러한 통과 현상은 매우 드물며, 8년 간격으로 짝을 이루며 일어나는데, 매 짝은 100년이 넘는 시간차가 있다. 즉, 2004년 6월과 2012년 6월에 있었던 금성의 태양면 통과는 2117년 12월과 2125년 12월에 재현될 것이다.

외행성

화성, 목성, 토성, 천왕성, 해왕성은 모두 지구 궤도 바깥에서 태양을 돌고 있기 때문에 외행성이라고 부른다. 태양과의 합은 이들 외행성이 지구에서 멀어져 태양의 먼 쪽에 있을 때 일어난다. 지구가 이들보다 빠르게 공전하기 때문에 이들은 합 이후 태양의 서쪽으로 밀려난 듯이 나타난다. 태양 광채를 벗어나면 외행성은 일출 전 하늘에 다시 고개를 내밀기 시작한다. 이 단계에서 외행성들의 겉보기 직경이 가장 작다.

목성은 항상 30"보다 커 보이고, 토성의 원반 겉보기 직경도 항상 18"를 초과한다. 그런데 화성의 경우 겉보기 직경이 5" 이상으로 커지면 그때부터 시각적으로 흥미를 일으키기 시작한다. 이의 빙산과 사막이 100mm 망원경으로 관찰되기 시작하기 때문이다. 이는 화성이 아침 하늘에 맨눈으로 보이기 시작한 이후 여러 달이 지난 후에 가능하다.

각각의 외행성은 충opppsitipon에서 태양과 정반대 편에 위치하고, 자정에 정남쪽을 향하고 있다. 외행성들은 충에서 실질적으로 100퍼센트 조명되는데, 이 특별한 출현 시점에서 겉보기 직경도 최대에 이른다. 각각의 행성들이 이심률이 작은 타원 궤도를 돌고 있기 때문에, 충에서 지구와 외행성 간의 거리

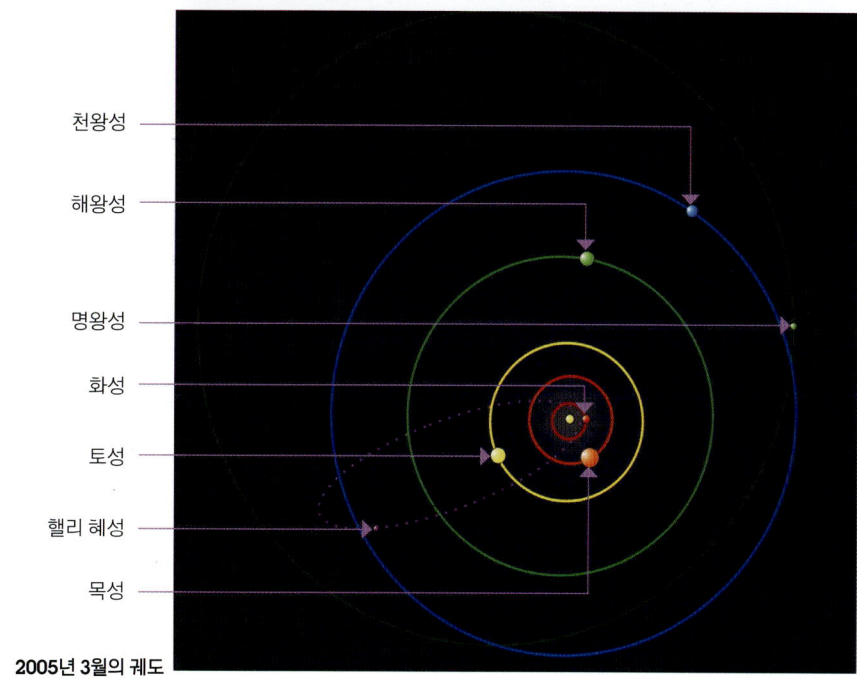

외행성의 궤도 척도

2005년 3월의 궤도

다섯 개의 외행성 – 화성, 목성, 토성, 천왕성, 해왕성 – 의 궤도. 왜소행성 명왕성의 궤도와 핼리 혜성의 궤도도 표시했다.

도 달라진다. 화성은 충에서 직경 변동 폭이 제일 큰데, 최소 15"(원일점, 태양으로부터 가장 멀어질 때)에서 최대 25"(근일점, 태양에 가장 가까워질 때)에 이른다.

물론 출현apparitions 동안 외행성들이 서서히 태양 서쪽으로 이동하는 현상은 지구가 태양을 도는 움직임 때문에 그렇게 보이는 것이다. 천구를 배경으로 한 외행성들의 전체적 운동은 동쪽으로 느리게 움직이는 운동이다. 하지만 역행retrograde motion이라고 부르는 외행성들이 거꾸로 이동하는 현상이 나타나는데, 동쪽으로 진행하기 전에 작은 고리를 돌거나 지그재그로 이동하게 된다. 이러한 움직임은 이들 행성에 대한 지구의 관찰 시점에 의한 시선 이동 효과 때문에 관찰된다.

충을 지나 행성에서 더 멀어지면, 우리의 시선은 행성의 겉보기 경로를 변경시키기 시작하고, 느려지다가, 아주 천천히 동쪽 경로로 다시 이동하기 시작한다. 별들을 배경으로 만들어지는 이러한 역행 경로는 행성과의 거리에 비례해 줄어든다. 화성과 목성 사이의 주요 소행성대에서 궤도 운동하는 소형 행성들 또한 출현 과정에서 역행 운동을 보인다.

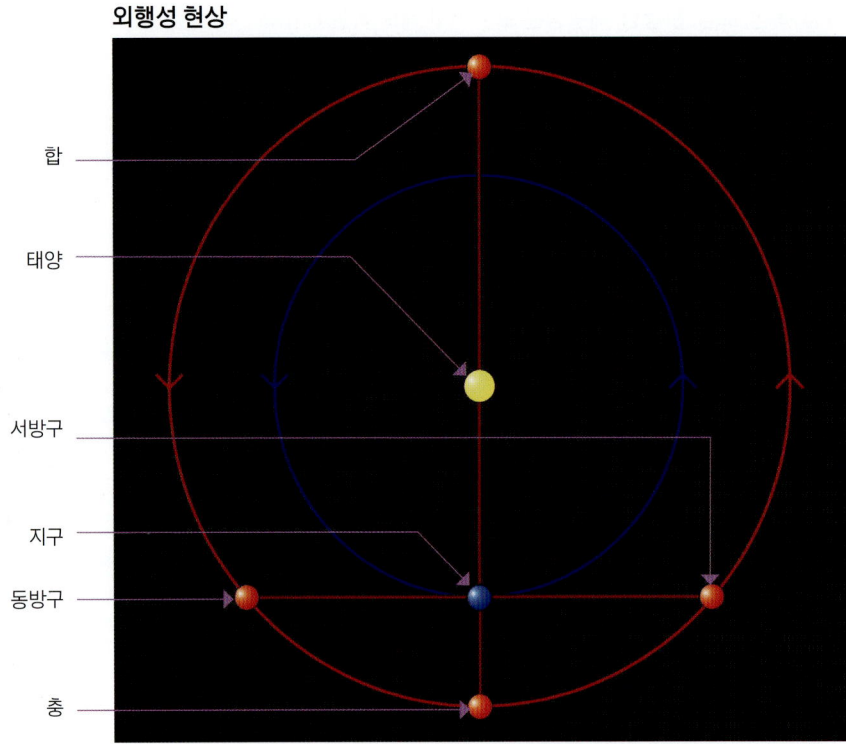

외행성 현상

충에서 행성은 태양과 정반대에 위치하며, 지구와는 가장 가까운 지점에 있다. 합에서는 태양 뒤로 멀리 있고, 지구에서 가장 멀리 있다. 구는 행성-태양-지구가 90°를 이룰 때이며, 서방구는 아침에, 동방구는 저녁에 나타난다.

화성, 신비와 상상의 행성

붉은 행성인 화성은 태양계의 모든 행성을 통틀어 과학계와 대중문화의 주목을 가장 많이 받은 매혹적인 행성이다. 오랫동안 지구와 여러면에서 가장 비슷하다고 알려져 왔기 때문이다.

지구보다 더 멀리서 태양을 도는 화성의 크기는 지구의 반절을 가까스로 넘고, 표면적은 지구의 육지 면적과 대략 비슷하다. 화성의 하루는 지구보다 약 37분 더 길고, 자전축은 지구와 비슷하게 기울어져 있다. 이는 화성도 지구와 같이 계절 변화를 겪는 행성임을 뜻한다. 수세기 동안 천문학자들은 화성의 극 지역에 있는 빙산만년설의 크기가 계절에 따라 달라지는 현상을 주의 깊게 관찰해 왔다. 즉, 여름을 맞아 행성이 따뜻해지면 얼음이 녹고 겨울이 되면 다시 얼어붙는다. 이제는 빙산이 얼어붙은 이산화탄소와 얼음으로 이루어진 사실을 알게 되었다. 계절의 변화는 화성의 거무스름한 자국에도 영향을 미치는데, 일부 지역에서는 이런 자국이 넓어지고 어두워지지만, 어떤 지역에서는 사라져버리기도 한다. 그런데 이러한 일시적 변화와는 무관하게 화성 표면의 자국들은 항상 원래 자리에 다시 나타난다.

오랫동안 화성에는 대기가 있다고 알려져 왔다. 망원경으로 밝은 구름과 대형 먼지 폭풍이 관찰되었기 때문이다. 일부 먼지 폭풍들은 화성의 모든 자국들을 완전히 가려지게 할 만큼 강력한 때도 있다.

나사 화성탐사선(Mars Global Surveyor)이 촬영한 화성.
거대한 휴화산 위의 구름과 북쪽 극지방의 빙산이 보인다.

화성인?

화성은 지구와 비슷했기 때문에 많은 천문학자들이 화성에 생명체가 존재할 확률이 높다고 결론을 내린 것도 무리가 아니다. 화성 표면에 뻗쳐 있을 네트워크 선들을 볼 수 있을지도 모른다고 상상하고, 그러한하지만 존재하지 않는 특징들은 빙산에서 녹은 물을 건조한 화성 사막으로 운송하는 지능적 존재에 의해 구축된 수로일 것이라고 주장하는 학자들도 있었다. 공상과학 소설가들은 화성인들이 구축한 고도 문명을 자주 묘사했으며, 지구를 정복하기 위해 출정한 화성 문명인들의 이야기도 했다!

하지만 화성에 생명체가 존재하는지, 또는 존재했는지에 대해서는 아직까지도 과학자들이 증명해야 할 과제로 남아 있다. 우주탐사기들은 아주 오래되고 말라버린 강바닥과 호수를 촬영한 영상을 보내오고 있으며, 물속에서만 생성될 수 있었을 것으로 보이는 광물을 검출하기도 했다. 이는 한때, 이 행성이 지금보다 따뜻했던 수십억 년 전에는 행성의 표면에 많은 양의 물이 흘렀음을 뜻한다. 화성 극 지역에는 얼음이 존재하고, 이의 표면 아래로 방대한 양이 묻혀 있으며, 어떤 곳에서는 액체 행태로 새어 나와 햇빛이 드는 쪽으로 가파르고 조그만 터널을 형성하고 있기도 하다. 따라서 화성에 원시 미생물 형태의 생명체가 발달했을지도 모른다고 가정하는 것도 전혀 근거 없는 소리는 아니다. 어쩌면 지금 이 시간에도 화성의 붉은 토양에 생명체가 숨어 있을지 아무도 모를 일이다.

화성의 표면

이 붉은 행성의 수많은 미스터리를 해결해준 것은 우주탐사기들이었다. 화성은 지구보다 더 춥고, 이산화탄소로 된 얇은 대기층도 가지고 있다. 그러므로 인간은 우주복 없이 화성에서 잠시도 존재할 수 없다. 얼음 결정으로 된 눈부신 구름들이 여기저기 형성되어 있고, 작은 먼지바람에서부터 계절성 먼지폭풍까지 온갖 바람이 일어난다. 화성의 어스름한 특징들의 변화무쌍한 모습들은 모두 이 바람 때문이다. 행성의 검은 표면 물질은 일시적으로 먼지에 가려져 있다가 먼지가 바람에 날려갈 때 드러나게 된다.

화성 대부분을 뒤덮고 있는 바위 사막이 붉은 이유는 산화철 광물질 때문이다. 문자 그대로 녹이 슬어 있다. 행성의 남반구는 분화구들이 뒤덮고 있고, 북반구의 대부분은 완만하게 경사진 평원으로 구성되어 있다.

타르시스Tharsis 지역은 엄청나게 많은 휴화산들이 점령하고 있다. 태양계에서 가장 큰 화산인 올림푸스산Mount Olympus은 폭이 500킬로미터이고, 에베레스트 산보다 3배 높다. 올림푸스산을 뒤덮고 있는 구름은 일반 가정의 뒷마당 망원경으로 관찰될 때도 있다. 타르시스의 동쪽에는 3,000킬로미터 길이에 폭 600킬로미터, 깊이 8,000미터에 이르는 거대한 협곡인 마리너 계곡Mariner Valley이 있다. 망원경으로 이 계곡 바닥의 어두운 부분 일부를 관찰할 수 있다.

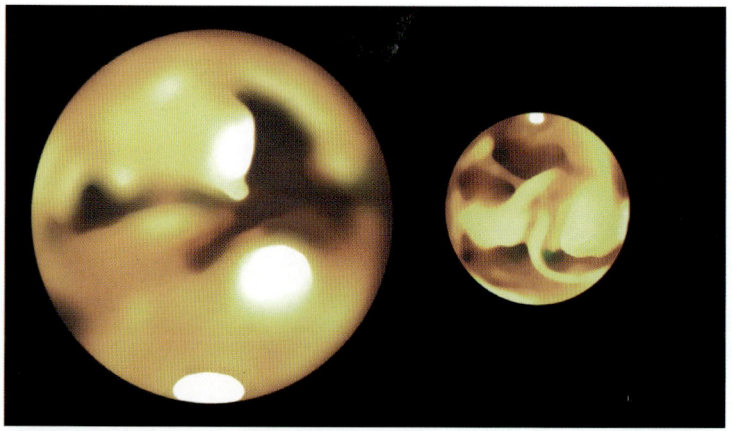

저자가 8" 슈미트 카세그레인 망원경으로 촬영한
충 인접 시기와 멀어진 시기의 화성.
겉보기 직경이 거리에 따라 크게 다름을 볼 수 있다.

화성지도. 2010년 초 222mm
반사 망원경 + 냉각 CCD로 촬영하여 합성한 이미지.

화성 관찰

화성은 작기 때문에 세세한 관찰은 불가능하다.
하지만 몇 년마다 한두 달에 걸쳐 지구와 가까워
지는데, 이 시기에는 중형 망원경으로도 빙산과
어스름한 사막이 보이고, 심지어 때로 밝은 구름
들을 쉽게 관찰할 수 있다.

화성의 검은 표지들은 대부분 남반구에 위치한
다. 쐐기 모양의 시르티스 메이저Syrtis Major, 평원
대시르티스, 화성의 북반구는 헬라스Hellas와 함께 남쪽
까지 이어지는 밝은 영역으로, 화성 관찰자들에
게는 낯익은 영역이다. 이 행성의 다른 편, 즉 북
반구에서는 검은 눈 모양의 솔리스 라쿠스Solis
Lacus와 넓고 거무스름한 마레 아시달리아Mare
Acidalium, 비너스의 바다가 독특한 모습을 선보인다.
화성의 두 위성, 포보스Phobos와 데이모스Deimos
도 아마추어 관측자들이 가려내기에는 너무 작고
희미하다.

목성, 행성의 제왕

지구보다 질량이 배도 큰 목성은 태양계에서 가장 큰 행성이다. 빠르게 회전하는 가스 덩어리인 목성은 지구와 달리 밀도가 매우 낮다. 목성은 태양에서 다섯 번째로 멀리 떨어져 있으며, 가장 빨리 자전하는 행성이다. 수소와 헬륨으로 된 거대한 가스 덩어리인 목성은 자전 속도가 너무 빨라서, 자전 중심으로 자전하는 데 10시간이 걸리지 않는다. 가까운 곳에서 볼수록 물결 모양으로 이루어진 띠가 보인다. 이는 극소용돌이 일어나는 곳에 일종의 연기띠를 형성하는 매우 강력한 바람 때문이다. 목성은 그 자체로도 매우 인상적이나, 다른 무엇보다 가장 주목할 만한 점은 4개의 큰 위성이 있다는 것이다. 가니메데Ganymede, 칼리스토Callisto, 유로파Europa, 이오Io가 그것들로, 맨눈으로도 쉽게 확인할 수 있다.

나이가 많으신 분들 중에는 목성이 훨씬 밝은 시절이 있었다고 기억하는 분도 있다. 대표적인 예가 4개(혹은 이상)의 대흑점 같은 반점이 있었다고 하는 사람들이다. 대흑점 같은 반점들이 예전보다 더 크게 보이다가 19세기에 갈수록 작아졌다.

역동적인 대기

목성은 고체로 된 표면이 보이지 않는다. 상층 대기는 끝임없이 요동치고 있다. 따라서 이 행성에서는 영원히 고정된 특징을 찾을 수 없다. 소형 망원경으로 빠른 회전 속도에 의해 생성되는 검은 벨트와 밝은 구역이 뒤섞여 있는 것을 관찰할 수 있다. 벨트와 구역의 강도는 해마다 달라지는데, 보통은 북적도 벨트와 남적도 벨트가 가장 강하게 나타난다. 구름 벨트와 구역 내의 특징들은 주 단위로 달라지는데, 반점이나 타원 또는 페스툰네모난 장식용 줄 형태로 경도를 따라 표류하며, 중간에 다른 형태와 뭉쳐지기도 하고 뭉쳐진 다음 아예 사라져 버리기도 한다. 벨트나 구역 내에 고정되어 있는 특징들은 위도를 따라 표류하지 않는다.

천문학자들은 한 세기 넘게 목성에서 일어나는 현상을 지속적으로 관찰해 왔다. 목성의 '영원한' 특징이라고 할 만한 것으로 대형 적색 반점Great Red Spot이라고 알려진 고기압권anticyclone이 있다. 적어도 19세기 중반부터 남쪽의 열대구역에 위치한 이 대형 적색 반점은 해마다 강도가 변하는데, 가장 낮게는 가까스로 구분되는 회색 얼룩이었다가 가장 세게는 날카로운 선홍색 타원이 되기도 한다.

목성 관찰

목성은 매 12년마다 태양을 공전한다. 그에 따라 황도 별자리를 천천히 이동하게 된다. 목성은 빛나는 백색 별로 보이는데, 금성에 이어때로 화성이 가장 밝을 때 두 번째로 밝기 때문에 맨눈으로 어렵지 않게 확인할 수 있다.

고정 배율 쌍안경으로 관찰하면 별이 내는 빛처럼 밝게 빛나는 4개의 커다란 위성, 이오, 유로파, 가니메데, 칼리스토가 보일 것이다. 맨눈으로 이들을 한 개 이상 봤다고 주장하는 사람들도 있다. 저배율의 소형 망원경으로 보면 목성이 납작한 소 원반으로 보일 것이다. 적어도 100mm 망원경으로 고배율로 관찰해야 행성 내의 검은 벨트와 밝은 구역을 자세히 볼 수 있다. 목성의 서쪽 가장자리 근처에 나타나는 특징들은 회전에 의해 불과 한두 시간 만에 중앙 경선자오선, 행성의 극과 연결된 가상의 선으로 이동된다. 이어서 몇 시간 후에는 원판 가장자리를 벗어나고 시야에서 사라져 버린다. 보통은 적도 지대에서 많은 활동이 진행되는 편이다. 페스툰들이 남적도 벨트의 남쪽 가장자리에서 갑자기 쫓겨나기도 하고, 적도 구역 내에서 밝은 영역 주위를 스치기도 한다. 남 적도 구역에 깊이 들어 앉아 남적도 벨트의 남쪽 가장자리를 들쭉날쭉하게 만드는 대형 적색 반점은 이 남쪽 지대가 지구를 향하고 있을 때 관찰되는데, 그때에도 색채감은 뚜렷하지는 않다. 목성의 대기 내에 작은 반점들과 타원들이 자주 보이는데, 이를 찾아가며 행성의 용모를 스케치하면서, 수주에서 수개월에 걸쳐 목성 대기에 머무는 이러한 특징들의 겉보기 운동을 추적하는 것도 재미있다.

망원경으로 '갈릴레이 달들'로 알려진 목성의 4개 위성들을 따라가며 관찰하는 것도 흥미진진하다. 이오, 가니메데, 칼리스토는 지구의 달보다 크

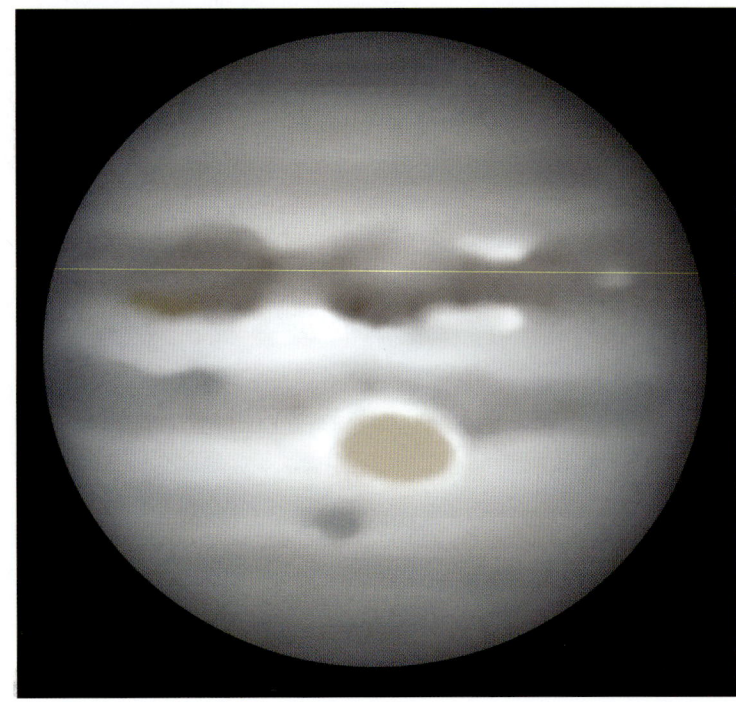

8" 슈미트 카세그레인 망원경으로 저자가 촬영한 목성.

고, 유로파는 살짝 작다. 이 행성만 한 달들도 100mm 망원경으로 작은 원반으로 식별될 뿐이며 세세하게는 보이지 않는다. 이들이 목성의 적도 면을 따라 목성을 돌 때, 때로 이 갈릴레이 달들은 목성 원판에 검은 원 그림자를 드리우고 목성을 향해 정면으로 돌진하는 듯이 보인다. 목성 그림자에 자주 가려지지만 이 위성들은 목성 앞으로 고개를 내밀거나 뒤로 미끄러지는 숨바꼭질 놀이를 계속한다. 때로는 목성의 달들 사이에 상호 충이나 망이 일어나기도 한다.

250mm 반사 망원경+냉각 CCD 카메라로 촬영한 목성. 이오의 모습도 보인다.

토성, 독특하고 고리의 세계

카시니 탐사선이 촬영한 토성과 토성의 달 타이탄.

명왕성으로 토성은 자전 축이 매우 기울어져 있고 공전하는 데 너무 시간이 걸려 계절의 변화를 비롯해 볼 수 있는 아름다운 것들이 있다. 토성의 한 계절은 대략 7년 이상 지속되며, 계절마다 독특한 변화가 있다.

토성은 목성보다 더 멋지게 태양을 공전하며, 한 바퀴를 도는 데 29년이 걸린다. 그리고 토성의 고리는 매우 크게 기울어져 있는데 기원전 93세기가 ...

수영장이 있어 토성을 이 안에 담아 담아놓는다면, 물 위를 둥둥 떠다닐 것이다.

토성의 대기를 관찰하면 적도와 평행하게 배치된 거무스름한 띠와 그보다는 밝은 구역으로 나타난다. 그런데 이들은 목성에 비해 도드라져 보이지 않는다. 토성의 대기 활동도 이렇다 할 뚜렷한 특징이 없으며, 망원경으로 보면 관찰되는 국부적인 특징들, 이를 테면 검은 반점이나 밝은 타원 같은 것들도 아주 드물다. 토성의 대기에서 1933년, 1960년, 1990년에 걸쳐 커다란 밝은 반점이 부풀어 오르는 현상이 관찰되었지만, 이들 모두 오래가지 못하고 몇주 후에 사라져버렸다. 2010년에 북반구에서 이전보다 훨씬 오래 지속된 대기 동요 현상이 발생했으며, 2011년에 유례없게도 두 번째 분출 현상이 발생했다.

토성의 놀라운 고리

다소 불완전한 소형 망원경으로 천체를 관찰해야 했던 초기 별지기들은 토성의 양옆으로 튀어나온 기이한 특징을 어떻게 해석해야 할지 몰라 난감해 했다. 1656년에 크리스티안 호이겐스Christian Huygens가 최초로 토성은 납작한 고리가 토성 구체와 접촉점이 없이 빙 둘러 있다는 주장을 내놓았다. 이 고리는 행성의 적도와 정확히 일치한다. 토성은 태양을 도는 궤도면에 대해 기울어져 있다. 따라서 고리를 바라보는 우리의 관점도 해마다 달라진다. 고리가 최대 폭으로 펼쳐진 때를 시작으로 약 7년 동안은 얇은 선에 가까운 고리가 관찰되며, 이후 7년 동안 고리는 다시 넓게 펼쳐진다. 이때는 토성의 다른 편 극이 우리를 향해 있다.

토성의 고리는 세 가지 주요 구성요소로 구분할 수 있다. 가장 바깥 고리 A고리는 중간의 주요 고리인 B고리보다 약간 더 어둡다. A고리와 B고리 사이에는 카시니 간극Cassini Division이라고 불리는 좁은 틈이 있다. A고리와 B고리는 모두 균일하고 불투명하게 보이고, 행성 아래편으로 검은 그림자를 드리운다. 가장 안쪽에 있는 C고리는 매우 희미하고 투명해서 관찰하기 까다롭다. 이러한 특성 때문에 크레페얇은 팬케익 같은 요리 고리라는 비공식적인 이름으로 불리기도 한다.

토성의 고리를 형성하고 있는 것들은 먼지 알갱이에서 두툼한 바윗돌에 이르기까지 다양한 크기의 수십억 개 입자들이다. 우주탐사기에 의해 토성의 주요 고리들은 불투명도 제각각 다른 수백 개의 가느다란 링릿ringlets, 돌돌말린 모양로 이루어졌음이 밝혀졌다. 나사의 카시니 탐사선이 2004년에 토성 궤도에 진입해 촬영한 상세 이미지들을 통해, 작은 위성들의 중력적 인력이 어떻게 고리 입자들을 붙잡아두는지, 그에 따라 고리의 외관에 어떤 영향을 미치는지 알 수 있게 되었다.

토성의 달

토성은 우리에게 알려진 위성들이 태양계의 어느 행성보다 많다. 현재까지 총 62개의 위성이 발견되었고, 이중 53개가 공식 이름이 있으며 몇몇은 뒷마당에 설치한 망원경으로도 관찰할 수 있다. 가장 큰 위성인 타이탄Titan은 지구의 달보다 크고, 실질적 대기를 보유하고 있다. 2005년에 호이겐스 탐사선이 타이탄에 착륙해 상세한 이미지들을 전송했다. 태양계에서 가장 매혹적인 세계인 타이탄에는 이국풍의 기후, 바람, 구름, 비, 강과 메탄과 에탄으로 이루어진 호수가 있었다.

타이탄은 소형 망원경으로 어렵지 않게 찾을 수 있다. 토성의 또 다른 커다란 행성으로, 100mm 망원경으로 어렴풋이 관찰되기도 하는 레아Rhea, 테티스Tethys, 디오네Dione, 이아페투스Iapetus가 있다.

토성 관찰

토성은 노란빛을 띠며 밝게 빛나는 별이기 때문에 밤하늘에서 쉽게 식별된다. 쌍안경으로는 대개 고리가 분명히 보이지 않는다. 하지만 타이탄은 잘 볼 수 있다. 이 고리진 행성은 어떤 망원경으로 보아도 아름답다. 저배율로 보면 행성과 이의 위성들을 동일 시야에서 볼 수 있다. 토성을 고배율로 선명히 보려면 꾸준한 관측이 필요하다. A, B고리 사이의 카시니 간극도 양호한 조건에서 소형 망원경으로 볼 수 있으며, A고리의 바깥 가장

자리 근처의 훨씬 좁은 엔케 간극Encke Division이 보일 때도 있다. 관측 각도에 따라 고리가 행성에 드리우는 그림자와 행성이 고리에 드리우는 그림자가 뚜렷하게 보이기도 한다.

2006년에서 2011년까지 관찰한 토성의 기울어짐 변화.
222mm 반사 망원경 + 냉각 CCD 카메라로 촬영.

천왕성, 해왕성, 명왕성

천왕성은 1781년에 윌리엄 허셜이 처음에 혜성인 줄로 발견되었다. 허셜은 왕실에서부터 정부의 연금을 받았으며, 이 천왕성의 발견에 많은 보답을 주었다. 이 돌은 이 항성의 진로를 다르게 해성일 것이라고 생각했다. 하지만, 이 천체의 궤도를 계산하자, 돌고 있음이 밝혀졌다. 지구가 태양에서 떨어져 있기보다 20배나 더 멀리 떨어져 대해 돌고 있기 때문에, 공전 주기도 매우 길어 84년 이상 걸린다. 천왕성의 자전축은 거의 궤도 평면상으로, 자전이 지구의 4배가 된다.

붉은 것과, 장년간의 관측이 결과 해지지에는 자신이 드러내지고 있는 천왕성이 어떤 것이다. 행성 본체는 푸른 빛을 이고 있으나, 행성 의 안쪽과 바깥쪽에 몇 개 있을 수 있는 것이다. 하지만 이의 양대용은 태양빛에 그다지 해까래 있기 천왕성의 양대용에 주로도 정인되었고 볼 수 없다. 그래용이 있는 곳은 매우 조그만 양대용으로 녹색을 대고 있는 것으로 발견되었고 보 인다. 1986년 2월, 보이지 2호 탐사선이 천왕성을 으로 방사되었지만, 행성의 둘레에 공간의 가장 뒤 쪽

계 천문대(Keck
Observatory)에서
촬영한 천왕성.

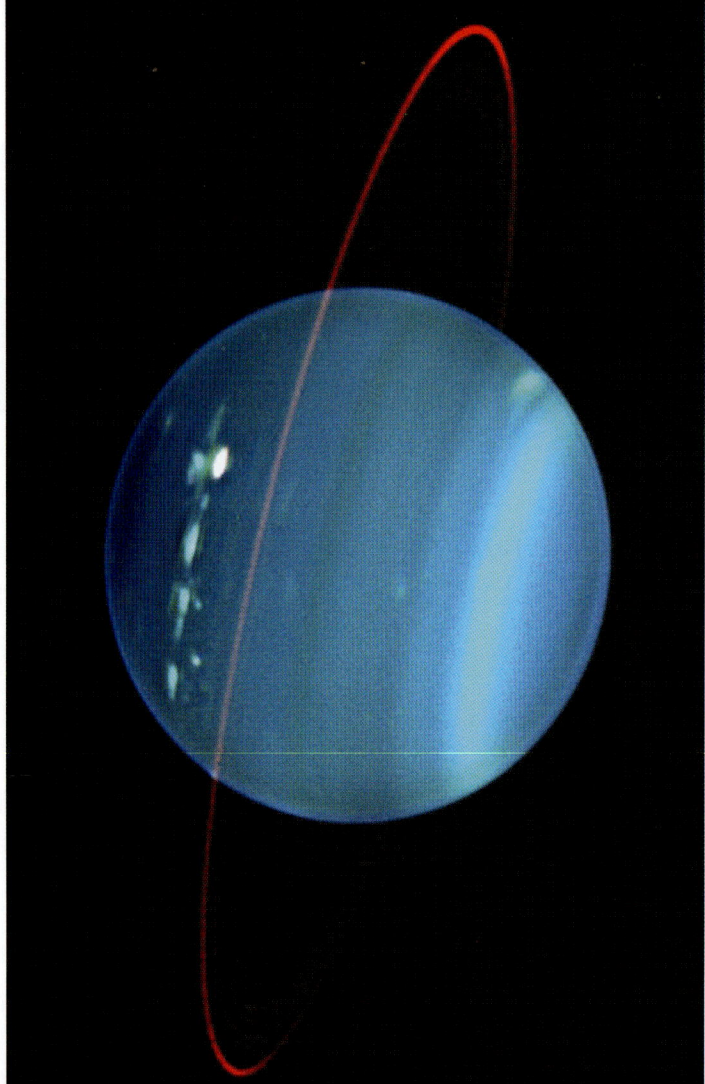

주지는 못했다. 보이저 2호가 천왕성 탐사에서 얻은 중요한 수확은 사실 천왕성 그 자체가 아니라 이를 뒤따르고 있는 수많은 소위성들이었다. 이들은 너무도 희미해서 아마추어 망원경으로는 보이지 않는다. 천왕성도 고리가 있지만 토성의 멋진 고리에 비하면 초라한 편이고, 또 아주 희미해서 대형 망원경으로 촬영한 이미지에서만 그 모습이 보일 정도다.

망원경으로 천체를 탐색하는 지속적인 과정에서 1846년에 발견된 해왕성은 태양계에서 가장 작은 기체 거성이다. 이의 공전 주기는 무려 164년이며, 태양으로부터는 믿기 어려운 먼 거리인 45억 킬로미터 멀리 떨어져 있다. 너무도 멀기 때문에 햇빛이 닿는 데 약 4시간이 걸린다. 그처럼 멀리 있지만 해왕성의 대기는 놀랍게도 활동성이 있음이 발견되었다. 이는 보이저 2호가 1989년 8월 해왕성을 빠르게 지나칠 때 밝혀졌다. 해왕성에는 태양계에서 가장 강력한 바람이 불고 있었으며, 바람은 시속 2,000킬로미터 이상으로 측정되었다. 보이저 호는 '스쿠터'라는 이름의 밝은 구름이라든지 지구보다 더 큰 '대형 흑색 반점목성의 대형 적색 반점을 본떠 붙인

나사 보이저 2호가
촬영한 해왕성.

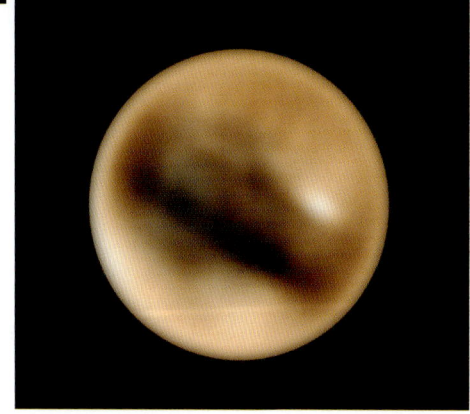

허블우주망원경이
촬영한 명왕성.

이름'과 같은 두드러진 대기 특징을 보여주는 다수의 이미지를 전송했다. 1994년 허블우주망원경이 촬영한 이미지에서는 이러한 특징들이 사라지고 없었지만, 비슷한 특징들이 행성의 다른 곳에서 나타나고 있었다.

해왕성은 매우 희미하기 때문에 식별하기가 천왕성보다 훨씬 까다롭다. 맨눈에는 보이지 않을 만큼 희미하며, 쌍안경으로도 별 모양의 점으로 보인다. 해왕성의 원반이 매우 작기 때문에 이를 분해하기 위해서는 최소한 200x 고배율의 100mm 망원경이 필요하다. 이 망원경으로 관찰하면 푸르스름한 색채를 구분할 수 있다. 이는 메탄가스가 해왕성에 닿는 햇빛의 적색 파장을 흡수하기 때문에 나타나는 현상이다. 해왕성의 분명한 특징들은 당연하게도 아마추어 망원경으로는 관찰할 수 없다.

8개의 공식 행성 이외에도 태양계에는 제법 큰 얼음의 세계들이 수없이 많다. 그 가운데 가장 유명한 명왕성은 1930년에 날카로운 눈매의 클라이드 톰보Clyde Tombaugh에 의해 사진 건판에서 발견되었다. 지구를 도는 달 크기의 3분의 2인 명왕성은 허블우주망원경이 촬영한 이미지에서 명암 영역이 어설프게 패치워크된 모습을 보여주었다. 2015년 나사의 뉴 호라이즌New Horizon 탐사선이 발사되기 전까지 사람들은 명왕성의 모습을 그렇게 추측할 것이다. 대부분의 아마추어 천문인들은 명왕성을 관찰하기가 불가능하다. 너무도 희미해서 250mm 이하의 망원경으로는 관찰할 수 없기 때문이다. 심지어 대형 망원경으로 최대 배율로 관측해도 명왕성은 여전히 희미하다. 따라서 실제로 명왕성 관측에 성공한 별지기들은 대단한 흥분에 휩싸이게 된다. 명왕성 관측은 모든 노력을 기울여 성취해볼 만한 일이다.

명왕성은 2006년 8월 국제천문연맹이 그 분류를 행성에서 외성으로 바꾸면서 태양계에서 제외되었다.

행성 간 잔해

혜성과 소행성은 오랫동안 좋지 않은 이야깃거리로 오르내렸다. 고대에 혜성은 재앙을 불러일으키는 존재로 여겨졌다. 최근에는 영화 속에서 이 우주의 떠돌이들이 인류 문명을 위협하는 존재로 묘사되기도 했다.

혜성, 우주 유령

태양에서 아주 멀리 떠나 혹한에 떨며 행성들 사이를 헤매고 있는 혜성은 그다지 인상적인 볼거리는 아니다. 얼음과 먼지, 돌덩이들이 뒤섞여 뭉친 단단한 공에 불과하기 때문이다. 핵이라고 불리는 이 '불순한 눈덩이'는 태양계가 형성되고 남은 물질들로 만들어진 것이다.

이 핵이 태양에 가까워지면서 핵의 외피가 데워지고, 얼음이 승화되면서 기체로 변하게 된다. 핵에

구상성단 M71 앞을 지나고 있는 C/2009 P1 개라드 혜성 2011년 8월 촬영.

서 스트림을 이루며 떨어져 나가는 기체들은 먼지 알갱이들을 동반한다. 이들 먼지 알갱이들은 여전히 핵을 에워싸면서, 뒤로는 수만 킬로미터 길이의 솜털 같은 코마라틴어로 머리카락을 뜻함를 형성하고 있다. 태양의 중력에 이끌리면서 혜성은 속도가 빨라지고 태양계 내부로 돌진하게 된다. 대개 혜성은 유난히 긴 꼬리를 만들어 내는데, 이들은 뚜렷하게 구분되는 두 요소로 이루어져 있다. 기체로 만들어진 부분과 먼지로 만들어진 부분이다. 기체 꼬리는 태양풍태양에서 뿜어져 나오는 고에너지 입자들에 날리면서 태양에서 일직선으로 멀어진 형태의 곧게 뻗은 꼬리를 만들게 된다. 핵에서 빠져나온 셀 수도 없는 수억의 먼지 알갱이들이 또 다른 꼬리를 형성한다. 태양의 방사압복사압에 의해 핵

팩맨성운 NGC 281 근처를 지나고 있는 하틀리 2 혜성(103P/Hartley). 105 mm 굴절 망원경 + 냉각 CCD 카메라로 2010년 10월 촬영.

에서 밀려나는 먼지 알갱이들은 자체 궤도를 따라 태양 주위를 돌게 된다. 그에 따라 혜성이 일어나고 우주공간을 지나는 혜성의 곡선 경로가 생겨난다. 대체로 햇빛에 반사된 먼지 꼬리들이 기체 꼬리보다 훨씬 밝다. 쌍안경으로 관찰하면 자세한 구조를 감상할 수 있다. 혜성의 밝은 꼬리가 굉장해 보이는데, 이 모두는 길게는 수천만 킬로미터까지 뻗어나가면서 초대형 우주쇼를 선보이기 때문이다. 혜성 근처의 우주물질을 채취할 수 있다면, 지구의 대부분의 실험실에서 조성할 수 있는 진공에 가깝다는 사실을 발견하게 될 것이다. 이 때문에 혜성은 무에 가까운 것임에도, 무엇인가 대단한 것처럼 보이는 그런 존재라는 말이 있다.

다수의 혜성이 태양계 내의 잘 알려진 궤도를 따른다. 그중 가장 유명한 '핼리 혜성'은 해왕성 너머 혹한의 영역에서 시작해 태양계 내부로 이어지는 궤도를 가지고 있으며, 매 76년마다 이를 완주한다. 1997년에 나타났던 매우 굉장했던 헤일밥Hale-Bopp 혜성 같은 일부 혜성은 수천 년의 공전 주기를 가지고 있다. 또 다른 혜성 유형으로 태양 앞에서 따뜻해진 적이 없는 혜성들이 있는데, 오르트 성운Oort Cloud, 명왕성 밖의 궤도를 돌고 있는 혜성군이라고 하는 이 혜성들은 태양의 영향력이 극히 제한적인 영역에서 일생을 보낸다. 수십억 개의 혜성 핵들이 이룬 방대한 껍질이라고 여겨지는 오르트 성운은 자신과 가장 가까운 별까지 거리의 거의 반절을 뒤덮고 있다.

혜성 관찰

최근에 관찰된 혜성 대부분은 말랑말랑하고 복슬복슬한 공 이상으로 발전하는 일이 없기 때문에, 쌍안경이나 망원경으로 어렴풋이 볼 수 있을 뿐이다. 간혹, 즉 10년에 한두 번 맨눈에 보일 만큼 밝은 혜성이 하늘을 가르며 길게 달리기도 한다. 할리 봅 혜성은 전 세계 별지기들을 흥분시켰지만, 이처럼 눈부신 혜성은 한 세기를 주기로 손에 꼽을 만큼 드물게 찾아온다.

혜성 관찰에 이상적인 장비는 쌍안경이다. 하지만 쌍안경의 광각 시야로도 혜성의 빛나는 꼬리를 전부 담을 수 없는 경우도 있다. 쌍안경은 또한 망원경보다 더욱 많은 색깔을 우리 눈에 전달해준다. 혜성의 어떤 꼬리는 선명한 빨강, 파랑, 초록을 띠기도 한다. 고배율의 망원경으로는 혜성의 작은 핵이 빛나는 점처럼 관찰되며, 핵은 반사성 먼지reflective dust가 이루는 제트 무늬, 호나 동심원의 껍질 같은 섬세한 구조물로 둘러싸여 있다.

소행성-하늘의 해충

영화 《스타워즈 에피소드 5-제국의 역습The Empire Strikes Back》에서 한 솔로Han Solo는 밀레니엄 팔콘을 타고 호쓰 소행성 지구를 비행하면서 비행경로로 사정없이 치고 들어오는 수천 개의 거대한 우주 바위와 충돌하지 않기 위해 혼신의 힘을 다해 집중해야 했다. 보이저 2호 같은 진짜 우주선이 화성과 목성 사이에 있는 태양계의 주요 소행성대를 달릴 때는 어떠했을까.

사실 항공우주국 관제통신실에서는 수십억 달러짜리 탐사선이 무엇과 부딪혀 사고를 낼지도 모른다는 염려는 조금도 하지 않았다. 주요 소행성대에만 수십만 개가 넘는 소행성들 천문학자들에 의해 소행성으로 알려짐이 있지만, 이들은 엄청나게 방대한 우주공간에 두루 퍼져 있다. 만약 우리가 소행성 위에 서 있다면, 가장 가까운 소행성도 희미하게 반짝이는 머나먼 한 점의 빛으로 보일 것이다.

맨눈에 쉽게 뜨일 만큼 밝은 소행성은 없다. 최초로 소행성이 발견되기까지는 망원경이 발명되고 나서도 거의 2세기가 흐를 때까지 기다려야 했다. 1801년 1월 1일, 19세기의 첫날에 피아치Giuseppe Piazzi라는 천문학자가 소행성을 최초로 발견했으며, 나중에 그가 이것에 세레스Ceres라는 이름을 붙였다.

세레스는 너무도 작은 원반이어서 망원경의 접안렌즈로 분해하기에도 만만치 않았다. 하지만 방법론을 활용할 줄 알았던 이 천문학자는 황소자리의 별 가운데 아주 느린 천체의 운동을 차트로 기록했다. 피아치는 그 천체가 다가올 혜성일지도 모른다고 생각했다. 하지만 얼마 후 이 새로운 천체가 화성과 목성 사이에서 태양을 공전하는 작은 행성이라는 사실이 분명해졌다.

분명 발견될 소행성들이 더 있으리라고 추론한 다수의 유럽 천문학자들은 '천상의 경찰Celestial Police'이라는 단체를 조직해 소행성 발견 작전에 나섰다. 그 결과 1802년에 소행성 팔라스Pallas가 발견되었고, 1804년에 베스타Vesta, 1807년에 주노Juno가 발견되었으며, 19세기 말에는 수백 개의 소행성이 알려지게 되었다. 20세기 동안에는 건판에서 발견된 소행성들이 너무도 많아지면서, 하늘의 해충이라는 악명을 얻기도 했다. 21세기 초까지 식별된 소행성들이 수만 개에 달했다. 주요 소행성대에서 궤도를 도는 이들 가운데 세레스가 가장 크며, 지름이 거의 1,000킬로미터에 달한다. 2006년에 세레스는 왜소 행성이라는 공식명칭을 부여받았다. 그보다 더 멀리 있는 얼음 세계 왜소 행성들인 명왕성, 하우메아Haumea, 에리스Eris, 마케마케Makemake와 같은 이름을 쓰게 된 것이다. 직경이 200킬로미터가 넘는 소행성들도 26개나 된다. 그럼에도 지금까지 알려진 태양계의 모든 소행성들을 한데 모아 천체를 만든다 해도, 우리 달의 반절 크기밖에 되지 않을 것이다. 주요 소행성대에 있는 소행성 외에 태양계에는 또 다른 소행성 무리들이 있다. 트로이안 소행성Trojan asteroids으로 불리는 이 흥미로운 무리는 저 멀리 한 지점에 모여 목성을 따라 태양을 돌고 있다. 이들은 그곳에 중력적 공명에 의해 묶여 있다.

소행성에 관해 뉴스 매체에서 관심을 두고 있는 부분은, 지구 궤도와 가까운 궤도를 돌고 있어 먼 미래 어느 시점에 지구와 충돌할 가능성이 있는 잠재 위험 소행성들이다.

세레스의 특징들은 허블우주망원경을 통해 자세히 드러났는데, 이를 테면 충돌 분화구라고 생각되었던 부분이 이의 지각 밑 검은 맨틀이 노출된 부분임이 밝혀졌다. 이밖에도 다수의 소행성들이 우주탐사기를 통해 근접 관측되었다. 이들은 크고 작은 이전 충격에 의해 납작해지거나 저마다 찍힌 부분들을 가지고 있었다.

목성을 향해 가는 길에서 갈릴레오 탐사선은 1991년 10월에 가스프라Gaspra를 지났고, 1993년 8월에는 아이다Ida를 지나서 비행했다. 나사의 니어 슈메이커NEAR Shoemaker 탐사선은 1997년 6월에 소행성 마틸데Mathilde를 지나 비행했으며, 2000년에는 소행성 에로스Eros의 궤도에 도착해서, 수 주 동안 주위를 돌다가 2000년 7월에 이 소행성의 분화구처럼 생긴 너덜너덜하게 부

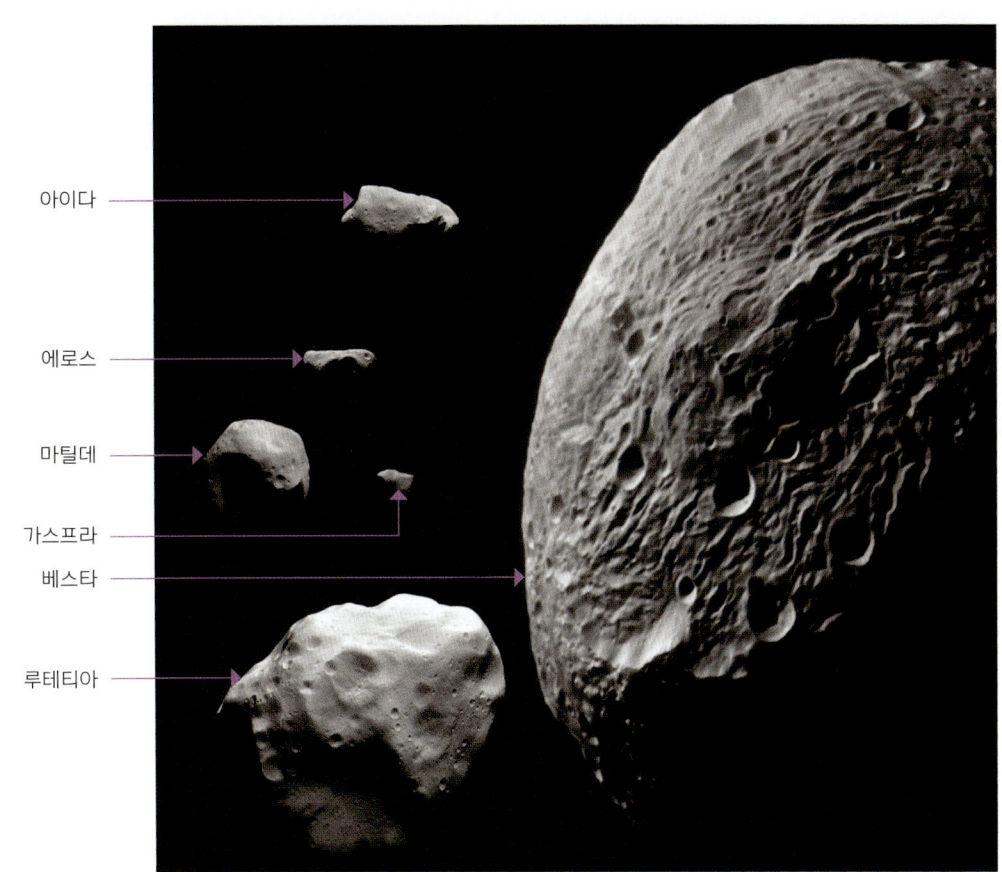

소행성 모음(축척 맞춤), 나사 탐사선이 근접 촬영한 이미지.

풀어 오른 표면으로 내려갔다. 2011년 나사의 돈 Dawn 탐사선은 베스타Vesta를 탐사하기 위해 발사되었으며, 이의 놀라운 표면 사진들을 보냈다. 이를 통해 생성 초기에 용암으로 뒤덮였으며, 나중에 더 작은 소행성들과 유성체들에 의해 계속 충격을 받았으리라는 추론을 내리게 되었다.

주 소행성대의 수많은 소행성들은 한때는 큰 모 소행성들의 일부였으리라고 보고 있다. 이 모 소행성들은 내부의 온도가 높아지면서 핵, 맨틀, 지각을 발전시켰다. 이들은 태양계 역사에서 초기에 형성되었는데, 모종의 이유로 작은 파편들로 부서지게 된 것이다. 지구에서 발견되는 유성체의 대부분은 소행성 조각들이다. 그들 중에는 분명 베스타에서 날라온 것들도 있다. 과학자들은 이 조각들의 성분을 조사해 원래의 모 천체를 구성한 물질을 밝힐 수 있다.

소행성 관찰

소행성 베스타는 가끔 맨눈에도 가까스로 관찰되는 경계에 있지만, 대부분의 소행성은 너무도 희미해서 광학장비의 도움 없이는 볼 수 없다. 쌍안경으로 보면 주 소행성대에 있는 큰 소행성 십여 개는 볼 수 있다. 물론 이들이 태양을 등지고 있는, 최고 밝기에 있을 때이다. 소행성을 식별하기 위해서는 별들 사이에서 이의 위치를 보여주는 완성도 높은 차트가 필요하다. 여러 날과 여러 주에 걸쳐 정기적으로 관측할 경우, 소행성의 경로를 알아낼 수 있다. 자신이 직접 관측한 자료를 토대로 이동경로를 그려내는 일은 무척 보람 있는 활동이 될 것이다.

마치며 : 빛 공해

어느 곳에서든 맑은 날 밤에는 하늘의 수많은 천체와 현상들을 얼마든지 바라볼 수 있다. 맨눈으로든 크고 작은 각종 쌍안경이나 망원경을 활용하든 마찬가지다. 그런데 주변의 건물에서 쏟아지는 조명에 의해 눈이 부실 경우 밤하늘을 제대로 즐길 수 없다. 깜깜할 때와는 달리 우리 눈의 동공이 최대 크기로 확장할 수 없기 때문이다.

도심의 대규모 빛 공해는 직접적으로 감지되지 않는다. 하지만 도심의 불빛이 하늘 높이 있는 입자들을 비추면서 희뿌연한 글로glow, 발광를 형성하는데, 이 때문에 희미한 천체들은 묻혀 버린다.

전체적으로 보면 태양계 관측이 태양계 밖 관측에 비해 빛 공해로부터 입는 피해가 훨씬 크다. 가로등이나 건물 주변을 밝히는 환한 전등뿐 아니라 산업 지구와 상업 지역을 담요처럼 뒤덮고 있는 눈부신 불빛들도 모두 빛 공해를 야기한다. 달과 행성 같은 태양계 천체는 비교적 밝아서 어느 지역에서든 감상의 즐거움을 느낄 수 있다. 하지만 성운과 은하는 아주 희미하고 연한 색상을 띠기 때문에, 이를 제대로 감상하려면 어두운 관측지와 어두운 하늘이 요구된다. 도시에 사는 사람들은 은하수

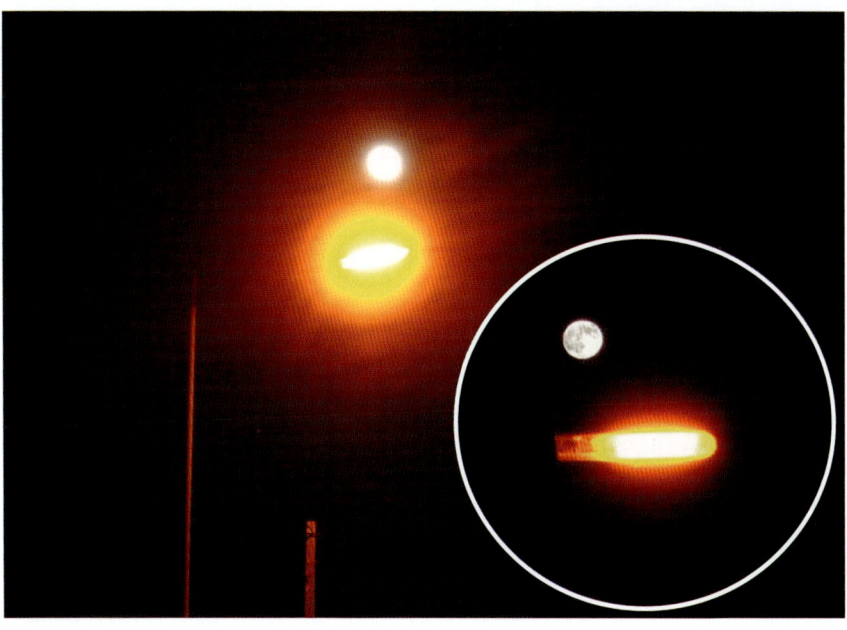

도심의 눈부신 불빛은 아주 밝은 몇몇의 천체들을 제외한 거의 모든 천체들을 가려버린다. 심지어 보름달조차 나트륨 가로등불과 밝기 경쟁을 벌여야 한다.

의 경이로운 띠를 구경할 기회가 거의 없다. 은하수에 박힌 보석들을 탐사한다거나 은하들 사이의 깊은 공간을 들여다볼 기회는 더더욱 없을 것이다.

오늘날에는 밤 시간대의 시야에 영향을 미치는 빛 공해로부터 자유로운 사람들은 사실상 없을 정도다. 선진국의 경우, 별이 빛나는 영롱한 밤하늘을 볼 수 있는 사람은 열 명 중에 한 사람도 되지 않을 것이다. 빛 공해는 또한 뚜렷한 자원 낭비이며, 밤하늘을 비추느라 소비되는 에너지는 오히려 지구온난화에 기여하고 있다. 선진국의 국민 총생산GNP의 1천분의 1이 해마다 전기로 소비되는데, 여기에는 부실한 조명 설계 그리고 불필요하지만 단지 불빛을 원하기 때문에 유지되는 조명 탓도 있다. 빛 공해로 타격을 입는 자들은 별지기만이 아니다. 조명이 잘못 설치된 경우, 주변의 경관을 즐기는 데도 방해가 된다. 또한 야생동물과 여러 식물에게도 해로우며 건강에도 문제를 야기한다. 빛 공해는 길거리에서 교통사고 사망률을 높이는 직접적 원인이 되기도 하는데, 운전자의 눈을 부시게 해 순간적으로 앞이 보이지 않는 현상을 일으키기 때문이다.

물론 주택 둘레나 주차장을 환하게 밝힐 경우 범죄가 줄어든다는 주장도 있다. 하지만 이를 뒷받침할 증거는 없다. 사실 빛은 주택의 출입구를 잘 보여주는 등 오히려 범죄 활동을 쉽게 한다. 집주인은 안전에 대한 거짓 안심을 느끼고 오히려 경계를 낮추게 된다. 게다가 밝은 빛은 범죄 활동을 은폐하기도 하는데, 눈부심 때문에 범죄자가 잘 보이지 않게 되기 때문이다. 일례로, 일부 지역의 경찰 보고에서 거리 조명을 밤새 완전히 소등한 이후 야간 범죄율이 크게 감소한 것으로 나타났다.

어떤 지역을 1년 365일 24시간 동안 대낮처럼 환히 밝힐 필요가 있다고 생각한다면, 이는 자연의 아름다움을 감상하고자 하는 이들에게는 무척 혐오스럽게 들릴 것이다. '어두운 밤하늘'이라는 주제로 캠페인을 벌이는 단체가 있으며, 이들이 전 세계적으로 활동하고 있다는 사실은 감사한 일이다. 어두운 하늘 지키기 운동CfDS, Campaign for Dark Skies의 간사 봅 미존Bob Mizon은 1989년부터 영국에서 개인과 기업, 정부기관을 향해 이런 메시지를 전달하기 위해 일하고 있다. 빛 공해의 악영향에 가장 민감한 이들이 바로 천문학자들이기 때문에 CfDS는 영국 천문 학회의 하위분과로 소속되어 있다. 하지만 단체의 구성 회원들은 조명 엔지니어에서부터 천문물리학자에 이르기까지 다양하다. 영국 대중 천문학 학회Society for Popular Astronomy는 CfDS와 연대하여 빛 공해 자문 봉사를 하고 있다. 이러한 운동에 참여하는 사람들 중에 암흑시대로의 귀환을 옹호하는 이는 아무도 없다. 대신 미존이 선언한 대로, 캠페인의 목적은 꼭 필요한 빛만 쓰자는 '빛의 적정량 사용'이다. 상식적으로 보아도 이러한 목적에 동의하지 않을 사람은 없을 것이다. 그보다는 더욱 진지하게 받아들일 필요가 있다는 점이 중요하다.

미존은 천문학과 환경에 봉사한 공로를 인정받아, 2010년 영국 엘리자베스 여왕의 생일을 기념

한 훈장 수상자로 선정되어 여왕으로부터 대영제국훈장을 받았다.

이와 비슷한 목적을 가지고 있는 단체로, 1988년 미국에서 설립된 국제 어두운 밤 지키기 협회International Dark-Sky Association가 있다. 이 협회의 공표 사명은 '양질의 실외 조명 구현을 통해 밤하늘의 유산을 지키고 보호하며 밤 시간대의 환경을 보존한다'이다.

여러 정부기관과 지방자치단체에서도 밤새 켜두는 가로등 같은 불필요한 전등을 끄자는 운동을 시작하고 있다. 물론 예산 절감의 일환으로 추진된 면도 없지 않다. 그런데 이러한 운동이 안전을 이유로 밤새 점등을 원하는, 소등을 잘못 이해한 사람들을 자극하는 역효과를 내고 있다. 이러한 논란 자체가 어리석은 일이다. 조명 설계가 적합하게 이루어진 가정, 상가, 가로등은 오히려 꼭 필요한 위치에 불빛을 집중할 뿐 하늘까지 밝히지 않는다. CfDS는 이 점을 강조하며 엔지니어들과 협력해나가고 있다. 이런 작은 한 걸음이 모든 사람들의 삶을 향상시키는 긍정적 결과를 이끌어낼 것이다.

남십자자리, 용골자리, 돛자리를 지나고 있는 은하수. 뉴질랜드의 한 어둑한 정원에서 디지털 카메라로 30초 동안 촬영한 이미지. 이 눈부신 장관도 빛 공해로 퇴색되었다.

용어 사전

갈릴레이 달들 Galilean moons : 1610년 1월 갈릴레오가 발견한 목성의 밝은 4개 위성을 말하며, 이후 이오, 유로파, 가니메데, 칼리스토로 이름이 지어졌다.

고도 Altitude : 관측자의 지평선에서 위로 올라간 정도를 잰 천체의 각도. 천체가 지평선 상에 있을 때 고도는 0°이며, 천정에서의 고도는 90°이다.

광년 Light year : 빛이 1년에 이동하는 거리. 빛이 초당 300,000킬로미터 속도로 달리므로 1년에는 10조 킬로미터를 달린다.

구상성단 Globular cluster : 수만 개의 개별 별들이 모여 이룬 집단으로, 이들 별들은 상호 중력에 의해 거대한 구 형태를 이루며 뭉쳐 있다.

국부은하군 Local Group : 우리 은하인 은하수가 속해 있는 은하단. 우리 가까이에 있는 안드로메다은하가 우리 은하단에서 가장 큰 은하다.

굴절 천체망원경 Refractor : 빛을 수집하고 초점을 맞추기 위해 대형 렌즈를 사용하는 망원경.

기체 거성 Gas giant : 주로 수소와 헬륨으로 이루어진 매우 큰 행성. 목성, 토성, 천왕성, 해왕성이 태양계의 기체 거성들이다. 이들은 고체 표면이 없다.

달 Moon : 지구의 유일한 천연 위성. 다른 행성을 돌고 있는 위성을 달이라고도 한다.

달의 순간적 현상들 TLP : 달의 일시적 현상. 달의 표면에 나타나는 현상으로 드물게 관찰되며 짧은 기간 나타나는 비규칙성의 채색된 발광, 섬광, 국부 표면 암흑화를 말하며, 이들의 원인에 대해서는 알려진 것이 거의 없다.

도 Degree : 원의 1/360. 태양과 달은 약 0.5° 어긋나 있다.

등급 Magnitude : 천체의 인식된 밝기를 이의 겉보기 등급이라고 한다. 가장 밝은 별 시리우스는 −2.5등급이고, 깜깜한 밤에 맨눈으로 볼 수 있는 가장 희미한 별은 6등급 근방의 별까지다. 별의 실제 밝기는 절대 등급이라고 하며, 천체의 거리가 참작된다.

망원경 Telescope : 긴 파장의 라디오파에서, 가시광선, 짧은 파장의 감마선에 이르기까지 전자기 방사를 수집하고 집중시키는 장비. 광학 망원경은 빛을 수집하고 초점을 맞추기 위해 렌즈와 거울을 사용하며, 먼 천체를 매우 확대된 이미지로 보여준다.

명암경계선 Terminator : 행성이나 위성의 조명된 반구와 비조명 반구를 구분해주는 선으로, 일몰, 일출 선을 표시한다.

반사 망원경 Reflector : 빛을 수집하고 초점을 맞추기 위해 대형 거울을 사용하는 망원경.

변광성 Variable star : 겉보기 밝기가 시간을 두고 변화하는 별. 이러한 밝기 차는 궤도 동료 천체에 가려지는 식에 의해 나타나기도 하고, 크기라든지 빛 방출 양의 변화에 의해서도 발생한다.

별자리 Constellation : 하늘의 것들에 대한 친숙함을 높이기 위해 작성한 하늘의 구역도. 88개의 공식 별자리가 있으며, 아득한 옛날부터 있었던 것들도 있다.

성운 Nebula : 성간 먼지와 기체 구름. 인근 별들이 내뿜는 빛을 반사하여 빛나는 성운도 있고 스스로 빛을 방출하는 성운도 있다. 암흑성운이란 더 밝은 배경에 실루엣으로 모습을 드러내는 성운을 말한다. 늙은 별들은 부풀어 오른 기체들이 구성한 껍질(shell)인 행성상 성운에 의해 둘러싸여 있는 경우도 있다.

소행성 Asteroid : 태양을 공전하는 커다란 바위 덩어리로, 직경이 수십 미터에서 수백 킬로미터까지 크기가 다양하다.

소행성대 Asteroid belt : 소행성을 다수 함유하고 있는 태양계 내 지역. 주요 소행성대는 화성과 목성 궤도 사이에 있다.

스펙트럼 Spectrum : 전자기 파동을 이의 여러 구성 파장으로 분리하면, 빛이 무지개 색으로 분리되는데 이를 스펙트럼이라고 한다. 스펙트럼은 표면 온도, 방사방향 속도, 성분, 자기장 세기를 비롯한 여러 가지 성질을 밝히는 분석에 사용된다.

시차 Parallax : 관측 각도 변화로 야기되는 더욱 먼 천체를 상대적으로 한 천체의 겉보기 위치 변화. 인근 별들이 측정가능한 수준의 시차를 보일 때 이들의 거리를 알아낼 수 있다.

식(가림) Eclipse : 한 천체가 다른 천체의 앞을 지나거나 그림자를 통과할 때 야기되는 현상으로, 달은 때로 해를 가리고, 달 자체는 때로 지구 그림자에 의해 가려진다.

쌍안경 Binoculars : 한 쌍의 평행 굴절 망원경으로 구성된 광학 장비. 두 눈으로 동시에 관찰할 수 있다.

별 Star : 핵융합에 의해 빛을 발하는 고온의 발광 기체로 구성된 거대 구. 우리 태양은 별이다.

별지기 Stargazer : 밤하늘을 관찰하기를 즐기는 지식인으로, 별을 관찰하면서 생명과 우주 모든 것들을 깊이 생각하기도 한다.

분광기 Spectroscope : 전자기 방사를 이의 상이한 구성 파장으로 분리하는 장비로, 파장에 따른 방사 세기를 분석할 때 사용된다. 1868년에 천문학자 노만 로키어 경(Sir Norman Lockyer)은 분광기로 태양에서 헬륨 원소를 발견했다. 당시 지구에서는 발견되기 전이었다.

불덩이 유성우 Fireball : (화구/천구성/파이어볼) 커다란 유성체가 지구 대기를 통과하면서 만들어내는 대단히 밝은 유성.

블랙홀 Black hole : 아무것도 심지어 빛도 빠져 나갈 수 없는 중력장이 있는, 시공간이 붕괴된 비교적 작은 영역.

빅뱅 Big Bang : 시간이 시작되는 시점의 대폭발로, 우주와 이의 모든 것이 생성됨. 약 137억 년 전에 발생.

아마추어 천문인(천문학자) Amateur astronomer : 취미로 천문학에서 다루는 천체들과 현상을 관측하는 사람.

아크분 Arcminute : 1도의 1/60에 해당하는 각 단위.

아크초 Arcsecond : 1아크분의 1/60, 또는 1도의 1/3600에 해당하는 각 단위.

암흑 에너지 Dark energy : 우주의 팽창을 가속하는 역할을 하는 에너지로, 현재로서는 미지의 힘이다.

암흑물질 Dark matter : 우주 질량의 90퍼센트를 차지하고 있는 물질, 현재로서는 눈에 보이지 않는 물질 형태. 이의 중력에 의해 은하들의 운동이 영향을 받기 때문에 이러한 물질이 존재한다고 보고 있음.

역행 운동 Retrograde motion : 외행성들은 역행 운동을 보인다. 서쪽에서 동쪽으로 이동할 때보다는 동쪽에서 서쪽으로 이동할 때 지구에서 관찰된다. 이는 지구가 외행성보다 훨씬 빠르게 이동하면서, 외행성을 따라잡고 다시 뒤로 밀려서 궤도를 공전하기 때문이다.

오로라 Aurora : 태양에서 방출된 에너지 입자들이 지구의 자기장에 갇히고, 지구의 대기 상층 분자들과 충돌하여 생성되는 빛의 쇼. 북반구에서 일어나는 오로라를 북극광(Aurora Borealis), 남반구에서 일어나는 오로라를 남극광(Aurora Australis)이라 한다.

우주 Universe : 관찰되는 전체 우주. 우리가 아는 모든 것, 전부.

위성 Satellite : 더 큰 천체를 궤도를 따라 도는 모든 천체. 대부분의 행성들이 위성을 가지고 있다.

유성 Meteor : 유성체가 지구 상층 대기에 진입하면서 연소될 때 일어나는 섬광.

유성체 Meteoroid : 우주공간에 있는 조그만 바위 덩어리. 계속 존재하다가 지구 표면에까지 떨어진 유성체들을 운석이라고 한다.

은하 Galaxy : 1,000억 개 정도의 별들이 중력에 의해 한데 뭉쳐 있는 엄청난 규모의 물질 집합을 말하며, 보통 이들의 중앙에는 보통 별들이 조밀하게 모여 이룬 육중한 허브(중추)가 있으며, 이 허브의 한 가운데에는 초질량 블랙홀이 잠복하고 있다. 은하의 형태는 나선형, 타원형, 무정형 등 다양하다.

은하수 Milky Way : 우리 은하의 이름. 은하면에 있는 먼 별들은 하늘을 돌고 있는 운무 띠에서 찾아볼 수 있다.

은하 성단 Galactic cluster : 중력적 상호 인력에 의해 함께 모여 있는 은하단. 은하 성단 자체는 다시 그보다 훨씬 큰, 우주에서 가장 큰 구조 단위인 초은하단에 속해 있다.

이각 Elongation : 천체가 태양으로부터 떨어진 겉보기 각거리. 태양의 동과 서로 0도에서 180도까지 측정된다. 예컨대, 상현달은 동방이각 90도, 금성은 최대 47도 이각을 갖는다.

이중성 Double star : 매우 가깝게 함께 있는 한 쌍의 별. 서로를 돌고 있는 쌍성도 있고, 조준 시각에 의해 생성되는 광학적 이중성도 있다. 셋 이상으로 이루어진 경우 복성이라고 한다.

적색이동 Red shift : 먼 은하 같은, 빠르게 후퇴하는 천체에서 나오는 빛이 더 긴 파장 쪽, 즉 스펙트럼의 적색 끝 쪽으로 연장되는 현상. 적색편이 정도는 은하의 거리에 비례하여 증가한다.

전자기 방사 Electromagnetic radiation : 짧은 파장의 감마선에서부터 긴 파장의 라디오파까지 전자기 스펙트럼의 모든 에너지는 우주공간에서 전기적 자기적 동요에 의해 진동함으로써 빛의 속도로 전파된다. 가시광선도 전자기 방사의 한 형태다.

접안렌즈 Eyepiece : 망원경에 삽입된 렌즈로, 눈에 맞추어 빛을 확대하고 초점을 맞추어준다.

조리개 Aperture : 망원경의 대물렌즈 또는 주경의 직경. 보통 센티미터나 미터로 측정된다.

주계열 Main Sequence : H-R도표의 주계열 선상에 있는 별들로, 수소를 헬륨으로 전환하는 핵융합을 통해 에너지를 얻는 별들이다. 이들은 별의 일생의 90 퍼센트를 주계열에서 보낸다. 우리 태양도 주계열성이며, 100억 년의 수명 중 반절을 지나고 있다.

중성자별 Neutron star : 질량이 큰 별이 일생을 마감하는 과정에서 초신성으로 폭발하고, 남은 중심물질이 빠르게 회전하는 중성자별을 형성하기도 한다. 이들은 주로 중성자들로 구성되며, 크기는 약 직경 10킬로미터이다. 중성자별의 밀도는 원자핵의 밀도와 비슷하다. 즉 중성자별 물질을 한 꼬집(골무)만 집어도 질량이 1조 킬로그램에 달한다.

지동설 Heliocentric : 태양중심설. 태양이 우주 중심에 있음. 태양중심 우주론에서는 지구와 행성이 태양을 돌고 있다고 가정한다.

천구 Celestial sphere : 우리 관점에서 지구 표면을 바라보면, 지구를 송두리째 감싸고 있는 방대한 구체의 내부에 별들이 붙어 있는 것처럼 보인다. 이때 지구의 극이 곧바로 가리키는 지점을 천구의 극, 지구 적도와 동일면에 있는 적도를 천구 적도라고 한다. 지구가 지축을 중심으로 자전할 때 천구는 우리 둘레를 동쪽에서 서쪽으로 도는 듯이 보인다.

천동설 Geocentric : 지구중심설. 지구가 우주 중심에 있음. 지구중심 우주론이란 우주에 있는 모든 것이 지구를 돌고 있다는 가설을 말한다.

천문 단위 Astronomical Unit(AU) : 지구에서 태양까지의 평균 거리. 약 1억 5천만 킬로미터.

천문학 Astronomy : 천체와 천체 현상을 과학적으로 연구하는 학문.

천정 Zenith : 관찰자의 바로 머리 맡 하늘 꼭대기. 90도 고도.

초신성 Supernova : 거대 별이 일생을 마치면서 겪는 초대형 폭발. 이때 엄청난 에너지를 방출하며, 별이 1000억 개인 은하가 내뿜는 에너지와 맞먹는다. 지난 2,000년 동안 맨눈에도 관찰된 초신성이 6개 있었다.

태양 질량 Solar mass : 천문학자들이 사용하는 질량 단위로 태양 질량과 같다. 별들은 0.06 태양 질량에서 100 태양 질량 범위의 질량을 가지고 있다. 최대 은하들은 1조 태양 질량이 넘는다.

태양계 Solar System : 태양을 비롯해 태양을 도는, 지구, 달, 내행성과 외행성, 이들의 위성, 소행성, 혜성들을 포함한 모든 것들을 담고 있는 우리 우주 마당.

태양계외 행성 Exoplanet : 먼 별 주위를 궤도를 따라 돌고 있는 행성. 현재까지 알려진 태양계외 행성은 수백 개다.

펄서 Pulsar : 빠르게 회전하는 중성자가 방사선을 방출하며, 방사선 빔이 우리의 가시선에 있는 경우 규칙적인 짧은 맥동으로 나타난다. 맥동은 지극히 규칙적이며, 수 밀리 초에서 수초 범위를 가진다. 1967년에 조슬린 벨(Jocelyn Bell)에 의해 최초로 발견된 이후, 우리 은하에서만 1,600개 이상의 펄서가 관찰되었다. 1054년 중국에서 관찰된, 초신성 잔해인 게 성운에 매초 33번 깜박이는 펄서가 있다.

합 Conjunction : 둘 이상의 태양계 천체들이 동일 적경(Right Ascension)을 공유하는 현상.

핵 Core : 별이나 큰 행성의 한 가운데 영역. 보통 고온 고압 상태이다. 여러 소행성들은 그보다 큰 천체들로부터 이가 빠지듯 떨어져 나왔기 때문에, 이들의 핵은 잘 다듬어지지 않은 상태로 보고 있다.

핵융합 반응 Nuclear fusion : 고온 고압에서 원자핵들이 에너지를 동반하여 충돌하여 더 무거운 핵을 생성하며, 이때 엄청난 양의 에너지가 방출된다. 이 융합 과정이 태양과 다른 별들의 동력이다.

행성 Planet : 별 둘레를 공전하는 별이 아닌 커다란 행성. 태양은 8개의 행성이 있고, 5개의 왜소 행성이 있고, 수천 개의 소행성이 있다.

헤르츠스프룽-러셀 도표 Hertzsprung-Russell diagram : 별의 광도(y축)와 표면 온도(x축)를 좌표로 한 별들의 온도와 광도 관계 그래프. 아이나르 헤르츠스프룽과 헨리 러셀 두 천문학자가 각자 고안한 도표이다.

혜성 Comet : 도시 크기만 한 얼음과 바위 덩어리로, 태양계 내부로 진입했을 때 가열되면서 기체와 먼지를 방출하며 이들은 코마를 형성하고 있다. 아주 긴 기체 먼지 꼬리를 형성하기도 한다.

황도 Ecliptic : 태양이 일 년 동안 천구를 지나는 선으로, 태양을 도는 지구 궤도와 상응한다. 행성들은 거의 황도면에 궤도가 있다.

흑점 Sunspot : 태양 표면에서 온도가 살짝 낮은 구역으로, 더 밝은 영역을 배경으로 어둡게 나타난다. 대부분의 흑점은 태양을 한 바퀴 다 돌기 전에 일생을 마친다.

CCD : 전하결합소자 - 디지털 천문사진촬영에 사용되는 감광성 전자 칩.

찾아보기

가짜십자 성군 108, 115-6
가짜혜성 성단 143
갈색왜성 24, 37
거문고자리 24, 82, 88-9, 93-4, 140
거품 성운 7, 66
검은 눈 은하 2, 43, 84
게 성운 31, 73
게자리 71-2, 78, 80, 120
고래자리 102, 148-9, 156
고리 성운 28, 93
고물자리 118-9, 128-9
고양이 눈 성운 28, 65
구상성단 41
국부은하군 42
궁수자리 88-90, 130, 138-40, 146, 148
금성 181-2, 184
기린자리 49, 66
까마귀자리 132, 135
나선 성운 28, 153

날치자리 109
남반구의 별 108-157
남십자성 110, 118
남십자자리 108-9, 113, 116, 130, 138, 148
남쪽 고리 성운 132
남쪽 바람개비은하 134
남쪽나비 성단 114
남쪽물고기자리 102, 138, 148, 154
남쪽왕관자리 138-9, 140
달 6, 10, 165, 170-3, 205
달의 순간적 현상들 180
대마젤란운 30, 42, 110, 112, 118, 130, 138, 148
대형 나선 은하(안드로메다) 5, 102, 103-4
도플러 이동 25
독수리 성운 39, 144
독수리자리 90-1, 95, 138, 148
돛자리 115, 132-3, 138, 148
로제타 성운 124
마차부자리 71-2, 76, 80, 100, 118

말머리 성운 5, 22, 75
망원경 11, 18-21
머리털자리 2, 43, 80-1, 84, 132
먼지 기체 구름 38-9
메시에 천체 19, 146
면사포 성운 99
명왕성 198
목동자리 80-1, 86, 138
목성 185-6, 190-1
물고기자리 90, 102, 105
물병자리 102, 138, 148-9, 152-3
미라 35
미자르 33, 62
바너드별 37
바다뱀자리 82, 120, 130-1, 134
바람개비은하 102, 106
반사성운 40
밝기(겉보기) 13, 17, 27, 34
방패자리 139-40, 145

백색왜성 28, 35-37
백조자리 39, 82, 88, 96, 138
뱀자리 139-40, 144
뱀주인자리 88-9, 92, 132, 138
변광성 34-5, 60
별들이 태어나는 곳 8, 22-3, 38-39
별의 대격변 35
별의 온도 25
별의 일생 22-31
별의 죽음 28
보석상자 산개성단 38, 110, 113
복성 33
북극성 46, 56, 58
북두칠성 56, 62, 80, 100
북반구의 별 56-107
북십자성 96, 100
북아메리카 성운 97
북쪽왕관자리 80-1, 87-8, 140
분광기 25

블랙홀 31
비둘기자리 119-20, 123
빅뱅 43
빛 공해 205-7
사건의 지평선(event horizon) 31
사자자리 19-21, 72, 80-83, 120, 132
산개성단 38
삼각형자리 101-2, 106
삼렬 성운 11, 146
석류석별 60
석탄자루 성운 113
석호 성운 146-7
성식 165, 175-6
세페이드 변광성 34
소마젤란운 109, 110, 118, 130, 138, 148
소행성 199, 202-3
솜브레로 은하 85
수성 181-3
시간 9, 45

시리우스 37, 70, 120, 126, 130, 148
식쌍성 34
쌍둥이자리 70-1, 77, 80, 100
쌍안경 11
아크투루스 82, 89-90, 132, 138
안드로메다자리 5, 90, 102-4, 148
알골 34, 68
알비레오 96
암흑물질 43
야광운 161
야생오리성단 145
양자리 102-3, 107, 120, 150
에리다누스자리 118-21, 130, 138, 148
여름 삼각형 성군 88, 100, 140
염소자리 90, 102, 138, 148-51
오로라 161
오리온 대성운 40
오리온자리 5, 20, 22-3, 32, 40, 55, 70-1, 75, 100, 120, 150

외뿔소자리 40, 119, 124-5, 130
용골자리 109-10, 115-7, 138, 148
용자리 57-8, 65
원시별 22
원시행성계 23-4
월식 174-6
유령은하 105
유성 162-4
은하수 18, 36-9, 42, 88, 110, 118, 130, 143, 148, 207
이리자리 141, 148
이중성 33
일식 168-9
작은곰자리 56-8
적색거성 25, 28
적색왜성 24, 35, 37
적색이동 43
전갈자리 88, 130, 138, 142
조각가자리 100, 118, 138, 149, 155

주계열성 24, 37
중력 렌즈 효과 42
중성자별 31
지구조(지구광) 6, 174
지동설 17
처녀자리 70, 85, 88, 90, 132, 138
천구 16, 44-5
천구극(북, 남) 46, 56, 108, 116
천문도 작성 16-21
천왕성 19, 185-6, 196
천칭자리 82, 130, 135, 138
초신성 30
카노푸스 110, 118, 130, 138, 148
카스토르 72, 77-8, 100, 119-20
카시오페이아자리 7, 56-8, 66, 72, 80, 88, 100
케페우스자리 58, 60-1
켄타우루스 알파 37, 116, 118
켄타우루스자리 130-31, 136-8, 148
코끼리 상아 성운 61

큰개자리 119-20, 126, 130, 148
큰곰자리 56-7, 62-3, 72, 80, 88, 100, 132
큰부리새자리 109-11, 130, 148
클레오파트라의 눈 120-1
킹 코브라 성단 78
태양 18, 24-5, 165-9, 181-2, 185-6
태양 주기 166
태양계 158-204
태양계 밖 천체 32-43
태양계 밖 행성 26
테이블산자리 109-10, 112
토끼자리 119, 122, 130
토성 185-6, 193-5
토성상 성운 28, 152
파리자리 109, 114, 116, 130
펄서 9, 31
페가수스자리 90, 102, 140, 148
페르세우스자리 58, 68-9, 80, 88
포말하우트 138, 148-50, 154

폴룩스 72, 77-8, 100, 120

플레이아데스 성단 9, 14, 72, 73, 102

항해 9, 19

해골 성운 156

해왕성 185-186, 196-7

행성 165, 181-98

행성상 성운 28

헤르쿨레스자리 41, 82, 90-1, 138

혜성 199-201

화성 8, 187-9

환일(선독) 160

황도 45

황소자리 18, 31, 55, 70-3, 82, 100, 120, 150

후광 160

흑점 166

옮긴이의 말

별 이야기라고 하면, 윤동주의 〈별 헤는 밤〉이라든지 『어린 왕자』의 소행성 B612가 떠오르면 좋으련만, 어째서인지 학창시절 과학 시간에 들은 한 구절이 늘 먼저 떠오른다.

우리가 보는 별은 머나먼 과거이다.

내게 닿는 저 별빛은 수억 년, 수만 년 전을 달려온 것이라니, 그 시간과 공간을 헤아려보려는 생각이 앞서고 만다. 그럼에도 그 순간은 영원일 것이다. 현재와 과거가 동기화되면서 시간은 사라진다. 별지기가 되어 성능 좋은 망원경으로 우주 깊은 곳의 별빛을 쫓고 있다면 그것은 영원에 들어서는 간단한 의식이 아닐까 싶다.

이 책을 옮기면서, 저 멀리 별 하나에 패, 경, 옥 같은 이국 소녀들의 이름을 불러본 시인의 마음이 생각나기도 했다. 듣는 순간 지금과는 다른 차원으로 이동하게 하는 베가 성, 시리우스, 안드로메다 같은 이국적인 이름들. 별들의 이름은 있기도 하고 없기도 한, 확률 같은 존재의 신비를 환기하곤 했다.

우리의 마음과 지성이 궁극적으로 하고자 하는 일이 존재함과 존재 방식을 알고 알리는 일이라면, 이를 가장 직접 하고 있는 이들은 바로 별지기들일 것이다.

한 권으로 떠나는 별자리 여행

1판 1쇄 인쇄 2013년 8월 30일
1판 1쇄 발행 2013년 9월 9일

지은이 피터 그레고
옮긴이 정옥희
펴낸이 김준영
출판부장 박광민
편집 신철호 현상철 구남희
디자인 이민영
마케팅 박인봉 박정수
관리 조승현 김지현

펴낸곳 성균관대학교 출판부
110-745 서울특별시 종로구 성균관로 25-2
등록 1975년 5월 21일 제1975-9호
전화 02)760-1252~4
팩스 02)762-7452
http://press.skku.edu

ISBN 979-11-5550-007-1 (03440)

잘못된 책은 구입한 곳에서 교환해 드립니다.